# Heinz Artur Strauß

# Der astrologische Gedanke in der deutschen Vergangenheit

mit
93 Abbildungen aus der altdeutschen
Buchillustration

Druck und Verlag von R. Oldenbourg
München u. Berlin 1926

Edgar Dacqué

in Verehrung

zugeeignet

# Vorwort.

Es ist für einige Kreise der Wissenschaft, die sich vom Geiste einer neuen Zeit ergriffen fühlen, kein Geheimnis mehr, daß die so gründlich totgesagte und begrabene Astrologie unaufhaltsam einer Auferstehung entgegendrängt, unbehindert der schweren Belastung, die ihr durch die Gegnerschaft dreier Jahrhunderte, sowie durch den fragwürdigen Geist alter und neuer Bekenner zweifellos aufgebürdet ist. Um zu dieser Auferstehungserscheinung ein Verhältnis gewinnen zu lassen, soll es hier unternommen werden, eine gewisse Grundlage zu schaffen: durch die Herausarbeitung des astrologischen Gedankens aus einer seiner vergangenen Formenwelten, wie durch die überblickende Betrachtung dieser Formenwelt selbst — ohne daß hierbei zunächst einmal versucht werden soll, das Phänomen, das der Astrologie zugrunde liegt, auf seine Beschaffenheit und seine Bedingungen hin zu untersuchen. Daß bei einer wie hier gearteten Behandlung des Wesens der Astrologie andere Akzente gesetzt und andere Linien als wesentlich empfunden werden mußten als in themenverwandten wissenschaftlichen Schriften, deren Autoren dem astrologischen Phänomen nichtachtend gegenüberstehen, liegt in der Natur der Sache.

Die astrologischen Bilddarstellungen der Buchillustration vornehmlich des 15. und 16. Jahrhunderts helfen der Darlegung in trefflichster Weise, getreu ihrer Bestimmung, eine lebendige Lehre lebendig zu veranschaulichen.

An dieser Stelle möchte ich der Bayerischen Staatsbibliothek und der Graphischen Sammlung in München, dem Germanischen Museum in Nürnberg und der Zwickauer Ratsschulbibliothek meinen Dank aussprechen für freundliches Entgegenkommen, besonders aber für die Überlassung von Originalen, die in dieser Arbeit erstmalig wiedergegeben werden konnten.

Dank sage ich auch meiner Frau, Sigrid Strauß-Kloebe, für geleistete Mitarbeit.

Solln bei München,
Sommer 1926.

b der ursprüngliche Gedanke vom Einfluß himmlischer Körper und Regionen auf irdisches Sein und
Werden in Babylon, dem Mutterboden der historischen Astrologie erwuchs, ist keineswegs so klar,
wie vielfach angenommen wird. Wir haben uns
zu sehr daran gewöhnt, jenes aus Babylon stam-
mende, durch Griechenland und die Araber uns
überkommene System der Astrologie als einzigen
Träger des astrologischen Gedankens zu betrachten. Wir denken nicht
daran, daß der Glaube an wirkende Kräfte kosmischen Ursprungs, und
zwar über Sonne und Mond hinaus, die Mythologien aller Völker von
Kultur in irgendeiner Form durchzitterte, wenn er auch, nach unserer bisherigen Kenntnis, nur in Babylon zu einer Wissenschaft, zur Astrologie
sich gestaltete. Die Wurzel jener babylonischen Wissenschaft, das Erlebnis
weitgreifender Entsprechungen himmlischer und irdischer Verhältnisse
hat auch bei arischen Völkern ihren Boden gehabt (die Edda bezeugt
es für unsern germanischen Stamm). Ja, vielleicht geschah das primäre
Erlebnis gänzlich auf dieser Seite, und es lag am natürlichen Weg
menschlicher Verstandesentwicklung, daß nicht das Sternenweistum und
seine sinnvolle Symbolik weitergetragen werden konnte, sondern nur
das später erstarrte Regelwerk orientalischer Gebundenheit.

Die Astrologie, so wie sie durch die Araber dem mittelalterlichen
Abendland geboten wurde, war freilich, wie so oft betont wird, ein
fremdes Gut. Was aber macht denn den Reichtum einer Kultur aus,
wenn nicht das wissensfreudige Aufnehmen fremder Anregungen und,
sofern sie ansprechen, ihre Umgestaltung durch die eigene Volksseele zu
eignen Schöpfungen? Was wäre, wie wir alle wissen, die Kultur der
deutschen Vergangenheit ohne die Beeinflussung Griechenlands, Per-
siens, Palästinas? Niemals hätte denn auch die mittelalterliche Astrologie, die vornehmlich in Italien und Deutschland ihre weiteren Kreise
zog, so sehr die Gemüter auf Jahrhunderte in ihren Bann gezwungen,
niemals wären Teile ihrer Kunst zum lebendigen Wissensgut des Bauern,
des Schäfers und des Volkes in den Städten geworden, nie hätte sie

7

Abb. 1. Unterricht in der Sternkunst.
Aus dem „Lucidarius" Augsburg 1479.

das Denken so manches ernsten Gelehrten tief ergriffen, wenn sie
nicht die eigenste Natur dieser Menschen zum Bundesgenossen gehabt
hätte, wenn in ihnen nicht eine innere Bejahung des wesentlichsten
Punktes, der Möglichkeit himmlisch-irdischer Entsprechung vorhanden gewesen wäre. Wenn der mittelalterliche Mensch die Kunst Astrologia in
seinen Bildungskreis aufnahm, mit seinem Leben durchtränkte, so war
das an sich eine Tat von kultureller Bedeutung. Was tut es, wenn
diese Kunst Astrologia so reich ist an tollem abergläubischem Beiwerk?
Verstehender Liebe wird es sich offenbaren, daß auch die Verirrungen
ihre erziehende Aufgabe zu erfüllen hatten. Und selbst, wo über allzu
grobe Unvernunft zu schelten wäre, fragt es sich noch, ob gerade wir
die geeigneten Richter sind.

\* \* \*

Es war im 12. Jahrhundert, als die nordische Scholastik mit der
Astrologie bekannt wurde, und zwar durch die Araber, die in Spanien
eine rege Übersetzertätigkeit entfaltet hatten. Das reiche astrologische
Material der Antike hatte bereits längst in ihnen verständnisvolle Über-
lieferer gefunden. (Schon um 800 findet sich eine arabische Übersetzung
des Tetrabiblos des Ptolemäus, jenes astrologischen Werkes, auf das

8

man sich auch später immer und immer wieder zu beziehen pflegte.)
Jetzt jedoch erst waren die Übersetzungen in das Lateinische gefolgt, und
die Ideen der Antike begannen ihre Wanderung in die mittelalterliche
Geisteswelt. In Deutschland begegnen wir bei Wolfram von Eschen=
bach (um 1200) der Überzeugung, daß die Kenntnis der Astrologie dem
Menschen von Gott selbst bei der Erschaffung gegeben wurde:

> Unser vater Ádâm
> die kunst er von gote nam,
> er gap allen dingen namen,
> beidiu, wilden unde zamen;
> er erkande ouch ieslîches art,
> dar zuo der sternen umbevart,
> der siben plânêten,
> was die krefte hêten.          (Parzival X, 451 ff.).

Wir wissen heute noch wenig darüber, wie und in welchem Maße
im 12. Jahrhundert astrologische Gedanken in deutschen Landen auf=
genommen wurden. Im 13. Jahrhundert begegnen wir in dem viel=
gelehrten Dominikaner und Bischof zu Regensburg, Albertus Magnus
(1194—1280), dem ersten namhaften deutschen Astrologen. „Alles,
was Natur und Kunst hervorbringt" — ist seine Ansicht — „wird von
den himmlischen Kräften bewegt. Die Figuren der Himmel und himm=
lischen Körper waren vor allen übrigen erschaffenen Dingen da, und
eben deshalb haben sie einen Einfluß auf alles, was nach ihnen ent=
standen ist." (zit. n. Kiesewetter.) Das 13. Jahrhundert war der Aus=
breitung astrologischer Gedanken vor allem günstig. An den deutschen
Fürstenhöfen begann die Astrologie mehr und mehr heimisch zu werden
— der Hohenstaufen=Kaiser Friedrich II. gehörte zu ihren Verehrern —
nachdem in Italien schon längst Gelehrte, weltliche und geistliche Fürsten,
ja die Päpste das stärkste Interesse für diese Wissenschaft gezeigt hatten.
Italienischem Brauche folgend, pflegte nunmehr auch so mancher
deutsche Fürst sich seinen Astrologen zu halten. Man befragte die
Sterne anläßlich eines jeden Kriegszuges und bei allen wichtigen Ent=
scheidungen des öffentlichen und privaten Lebens — und das in einer
Weise, die das unbedingte Abhängigsein alles menschlichen Wollens
und Handelns von den himmlischen Gestirnen vorauszusetzen schien.
Es begann nun auch auf deutschem Boden dasselbe Schauspiel, das
Italien bereits bot und das sich ebenso in Athen und Rom zu den Blüte=
zeiten antiker Astrologie vollzogen hatte: Weltliche und geistliche Macht=
haber und Männer des praktischen Lebens benutzten die Astrologie für
ihre weltlichen Zwecke, indem sie sich, ihre Chancen aus dem Sternen=
lauf berechnend, der Gunst der Stunden zu versichern suchten — während

9

aus den Reihen der religiösen und philosophischen Geister heftigste Wehe-
rufe gegen die heidnische Kunst erschallten. Die Wahrsagerei mittels astrologischer Berechnungen erregte bei diesen lebhafte Abscheu und äußerste
Gegenwehr, ohne daß es, weder anfangs noch später, gelingen wollte, die
Fundamente der astrologischen Wissenschaft ernsthaft zu erschüttern —
lag es doch selbst vielen der Gegner fern, eine Wirkung der Gestirne an
sich auf Erde und Mensch zu bestreiten. Aber weder der gläubige Christ als
solcher, noch der, arabischem Denken fremde, christliche Philosoph vermochten es, eine unbedingte Abhängigkeit des menschlichen Schicksals vom
Sternenlauf, wie es die Astrologie zu lehren schien, anzuerkennen.

Und dennoch mehrten sich offensichtlich die Erfolge der praktizieren-
den Astrologen, und dennoch wuchs das Vertrauen auf deren Vorher-
sagungen in weitestem Maße. Thomas von Aquino, der große italienische
Scholastiker, Schüler des Albertus Magnus, der die angewandte Astrologie, wie so mancher Diener der Kirche, als Teufelswerk verdammte,
trifft das Wesen der Sache, wenn er feststellt: „Daß die Astrologen
häufig die Zukunft richtig vorhersagen, geschieht ... [einesteils], weil
die meisten Menschen nur ihren Leidenschaften folgen, und infolgedessen
ihre Handlungen durch den Einfluß der himmlischen Körper bestimmt
werden, weshalb die Astrologen die gewöhnlichen, von der Menge ab-
hängenden Vorfälle im ganzen richtig voraussehen können." (Kiesewetter.) Ein tatsächlicher Einfluß muß also nach Thomas von Aquinos
Worten als vorhanden angesehen werden; nur wirkt er lediglich auf die
Triebkräfte der menschlichen Natur, ohne die geistigen Fähigkeiten des
Menschen anzurühren. Es ist dies eine Meinung, die zu allen Zeiten
sehr häufig von jenen vertreten wurde, die eine philosophische Haltung
der Astrologie gegenüber einnahmen. „Also ist der Himmel allein des
Viehes Herr und desselbigen gewaltig, und nichts des Menschen", sagt
im höchst astrologischen 16. Jahrhundert Paracelsus. „Denn macht der
Himmel den Menschen mild, gütig, geduldig, daß man sage, er ist wie
ein Schaf, und wie die liebe Sonn, so ist er ein Schafs Art, Weisheit
und Vernunft, und also regiert ihn die Sonn, wie ein Schafviehe,
und nicht wie ein Menschen: Denn das Viehe ist aus dem Gestirn...
Der zornig ist, der ist zornig als ein schelliger Hund, nit als ein Mensch:
Der mörderisch ist, ist mörderisch als Bär. . . . Also ist der Himmel
Herr der Menschen, welche Menschen Viehe sind und viehisch leben und
wohnen... Der Mensch aber soll ein Mensch sein, kein Viech." („Vom
Grunde der Weisheit und Wissenschaften.")

Ähnlich äußert sich Tycho Brahe: „Wofern der Mensch es vorzieht,
als ein Tier zu leben, blind den Trieben zu folgen und mit dem bloß

Abb. 2. Astrolog in seiner Studierstube.
Titelblatt der zweitältest bekannten Bauernpraktik von 1512.

Tierischen zu verschmelzen, da muß man nicht Gott für die Ursache dieser Verirrung ansehen; Gott hat ja gerade den Menschen so gebildet, daß er, wenn er will, die unheilbringenden Inklinationen der Sterne besiegen kann." (Antrittsrede an der Kopenhagener Universität 1579. Zitiert nach Troels-Lund.)

Hierher gehören auch die klaren Worte Dantes:

> „Anstoß leih'n eurer Regung Sternenmächte;
> Nicht jeglicher; jedoch auch dies gesetzt,
> So ward Erkenntnis euch fürs Gut' und Schlechte
> Und freier Wille, der, wenn er auch jetzt
> Zuerst nur mühsam mit den Sternen streitet,
> Vom Kampf gestählt, gewißlich siegt zuletzt." (Fegefeuer 16.)

II

Es lag im Wesen der abendländischen astrologischen Lehre also durchaus nicht jener hoffnungslose Zwang zur fatalistischen Weltanschauung, den man von gegnerischer Seite stets betonte. „Astra inclinant, neque tamen necessitant", wie ein alter astrologischer Spruch lautete[1]). Die Willensfreiheit konnte auch innerhalb des astrologischen Glaubens stets als höchste Gabe Gottes empfunden werden:

„Nun solt ir wussen und verston
Das aller planeten complexion
Dich zu keinen bösen dingen
Mögen dich nit zwingen
Von wegen der großen fryheit
Die got an uns hat geleit
Zu keiner handt sunden list . . ."

(Aus einem Züricher Kalender 1508.)

In manu Domini sunt omnes fines terræ.

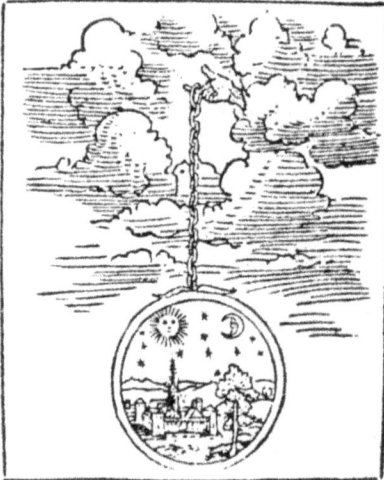

Abb. 3. Prognostikenbild,
Gottes Allmacht verherrlichend.
1508.

Wenn also auch die Gestirne ihre Influenzen über die Menschenwelt ergießen: Es ist dem Einzelmenschen gänzlich freigestellt, ob er sich dieser Influenzen zum Guten oder Bösen bedienen will. In dieser Form war die astrologische Lehre schließlich auch für den gläubigen Christen annehmbar, und gerade so ist sie, als die Buchdruckkunst den Weg frei machte, in die breitesten Schichten des Volkes gedrungen. Man war sich dabei klar — es ist häufig in astrologischen Praktiken zu lesen — daß die Gestirne an sich nicht daran denken, Böses zu wirken, denn es sind ja Gottes Geschöpfe. Die ersten Menschen vor dem Sündenfall haben denn auch — wie mancher Praktikenschreiber annimmt — die Anregungen der Gestirne nur in reiner Weise aufgenommen; erst nach dem Fall mißbrauchte das Menschengeschlecht die astralen Kräfte und ließ sich von ihnen zur Sünde führen. Der Sünde aber, und also auch dem verleitenden, planetaren Einfluß, kann wohl widerstritten werden.

Bei der Unvollkommenheit der menschlichen Natur war freilich die Anzahl derer, denen es gelang, die Astrologie so zu erkennen, wie sie erkannt sein wollte, d. h. wie es ihrem natürlichen Wesen entsprach, keine allzugroße. Es blieben genug der Schwachen und Befangenen,

---

[1]) Die Sterne machen geneigt, aber sie zwingen nicht.

12

denen der Sternglaube zum Verhängnis wurde, die trotz vergeblicher Mühen, sich dem unheimlichen Gedanken eines vorherbestimmten Müssens zu entziehen, immer wieder ihm erlagen. Aus ihren Reihen stammen die Vertreter des Gedankens vom reinen Fatum. Sie waren es, deren abhängiges Leben bei den Gegnern der Astrologie den höchsten Unwillen erregte. Sie waren es auch, die immer wieder dem Betrug ihrer Astrologen durch ihre eigne Schwäche Vorschub leisteten, da sie keinen Maßstab für das Wahre und Falsche innerhalb der astrologischen Kunst besaßen. So wurden sie zum Spott ihrer Zeit und der Nachwelt. Die Astrologie in den Händen dieser abhängigen und im höchsten Grade abergläubischen Gemüter war in der Tat ein Bild, das Pico della Mirandola († 1494), den bedeutenden Gegner der Astrologie, veranlassen konnte, auszurufen: Die Astrologie ist „die schlimmste Pest von allen Pesten: sie ist die Verderberin der Philosophie, beschmutzt die Medizin und legt die Axt an den Stamm der Religion, während sie den Aberglauben aus sich gebiert und ihn am Leben hält. Dem Menschen raubt sie die Ruhe und erfüllt ihn mit ängstigenden Bildern. Den Freien macht sie zum Sklaven. Sie lähmt seine Tatkraft und wirft ihn ins Meer des Unglücks hinaus". (Schrift gegen die Astrologie.)

Die Kirche, sofern sie die Kirchenlehre vertrat, hatte sich zeitweilig die größte Mühe gegeben, angesichts des gottesfernen Sterndienstes so vieler ihrer Kinder jene bedenkliche Erbschaft der Antike als Werk des Satans mit Stumpf und Stil zu vernichten. Gelungen war ihr das nicht, lebten doch in ihren eigenen Reihen Verteidiger der Astrologie als einer gottgewollten Kunst. Stand es nicht in der Bibel zu lesen, daß den Sternen Einfluß auf das menschliche Geschehen gegeben war? „Die Könige kamen und stritten, da stritten die Könige der Kananiter zu Thaanach, am Wasser Megiddos; aber sie brachten keinen Gewinn davon. Vom Himmel ward wider sie gestritten, die Sterne in ihren Läuften stritten wider Sisera." (5. Richter 19/20.) — War nicht ein Stern den Magiern aus Morgenland bei Christi Geburt erschienen? und war der Tod Christi nicht von einer großen Verfinsterung der Sonne begleitet gewesen? Welche tiefere Seele konnte sich denn dem beglückenden Erlebnis des Verbundenseins aller irdischen und kosmischen Kräfte entziehen?

Der Humanismus hatte zudem im Laufe des 15. Jahrhunderts die christianisierte Auffassung der Antike durch neues vertieftes Verständnis für jene Kultur und Literatur ersetzt und das Vertrauen der astrologisch Gläubigen auf ihre Kunst durch das Zeugnis so mancher Autorität des Altertums gestärkt. Unter dem Einfluß der Antike offenbarte sich erst

das ganze Ausmaß des makro-mikrokosmischen Gedankens. Der unge-
stüme Erkenntnisdrang des beginnenden 16. Jahrhunderts bemächtigte
sich alsdann auf seine Weise der ganzen Gewalt dieses Gedankens und
erschuf sich durch kühne Spekulation und gleichzeitiges aufmerksames
Beobachten von Naturvorgängen eine Vorstellungswelt von Tiefe und
Eigenart: Zeugnis geben die beiden faustischen Geister Agrippa von
Nettesheim und Paracelsus.

Es wäre ein Irrtum zu denken, daß überall dort, wo der Sinn für
die Naturwissenschaften erwachte, jenes von kosmischem Gefühl, ja von
religiöser Inbrunst getragene astrologische Bewußtsein schwinden mußte.
Das metaphysische Ziel aller Wissenschaft ist Gott (einerlei, ob eine Zeit
dies zu erkennen imstande ist oder nicht). Plato hatte so gedacht und so
dachte noch Kepler. Solange die Naturwissenschaften dieses ihres Zieles
eingedenk waren, drohte der Gottes Weisheit und Ordnung verkünden-
den Astrologie von ihrer Seite keine Gefahr. Trotz des erwachten natur-
wissenschaftlichen Denkens im 15. und 16. Jahrhundert durchdrang die
Astrologie um diese Zeit das deutsche Geistesleben wie nie zuvor. Neue
astronomische Erkenntnisse, wie die des Kopernikus und Kepler gerieten
mit dem astrologischen Gedanken als solchem nicht in Konflikt. Im
Gegenteil, sie erwiesen sich als wertvolle Hilfen für den rechnerischen
Teil der Astrologie. Keine wesentliche Gefahr auch bedeuteten die Angriffe all derer, die aus ethischen Gründen und aus eifernder Gläubig-
keit heraus, wie es Luther tat, die Sterndeutekunst befehdeten. Ein
Kehren mit eisernem Besen war wohl öfter nötig, als es geschah, ging
doch, seitdem es einen Buchdruck gab, Welle um Welle astrologischen
Tandes über das Volk dahin. Kritisch wurde die Lage für die Astrologie
erst mit dem tiefgreifenden Wandel der Weltanschauung, der im Laufe
des 17. Jahrhunderts bedeutend einsetzte. An die Cusanische Vorstellung, daß der Firsternhimmel keine Grenze des Universums sei
(Abb. 4) — an den weitergreifenden Gedanken Giordano Brunos von
der Unermeßlichkeit des Weltalls und der All-Beseelung war noch
eine Anpassung möglich gewesen. Manche kosmologische Vorstellung
hatte zwar ihr Ende gefunden, aber die Wirkungen der einzelnen Gestirne waren noch nicht wesentlich in Frage gestellt. Als aber jenes
Geschlecht heraufkam, das der Sinneswahrnehmung und Sinnes-
erfahrung zunehmenden Einfluß auf alle vernünftigen Überlegungen
einräumte, das mit nüchternem und kritischem Denken den Grundstein
legte zu jener später erstrebten Exaktheit aller Wissenschaften, da war dem
astrologischen Gedanken endlich der Boden entzogen, auf dem er länger
hätte wachsen können — er und mancher Genosse! Noch Kepler hatte

14

Abb. 4. Weltbild nach Cusanischer Vorstellung.
ca. 1520—30.

die Astrologie gegen die Verstandesurteile der Philosophen seiner Zeit zu verteidigen versucht: „Die Philosophen messen die Natur mit kurzem Fuße; denn sie glauben, es gäbe keinen Sinn, keine Aufnahmefähigkeit für intelligible Dinge, außer den [bekannten] Fähigkeiten, welche der Mensch besitzt. Aus dieser Überzeugung entspringt das törichte Unterfangen, Dinge zu bekämpfen, die auf der Hand liegen" („Stella nova"). Aber es half nichts mehr, der „gesunde Menschenverstand" hatte seinen Siegeszug begonnen und ließ sich nicht mehr aufhalten.

Bis in das 18. Jahrhundert hinein verplätscherten die letzten Wellen astrologischen Denkens. So wird berichtet, daß in dem Dekret, durch welches der preußische König Friedrich Wilhelm I. den Grafen von Stein 1732 zum Vizepräsidenten der Akademie der Wissenschaften ernannte, folgende Stelle zu finden ist: „Daferne auch der Vicepräsident, Graf von Stein, besondere Umstände oder Veränderungen in dem Laufe des Gestirnes anmerken sollte, zum Exempel, daß der Mars einen freundlichen Blick in die Sonne geworfen hätte, oder daß er mit dem Saturno, Venere und Mercurio im Quadrat stünde, ... So hat er ohne den geringsten Zeitverlust mit den übrigen Sociis darüber zu conferiren." (Zitiert nach Drechsler.)

15

In Kalendern erhielt sich noch lange eine Fülle astrologischer Regeln. Der auf astrologischen Voraussetzungen aufgebaute Hundertjährige Kalender fand in den preußischen Kalendern, die unter der Aufsicht der königlich preußischen Akademie der Wissenschaften zu Berlin heraus= kamen, bis 1779 Aufnahme. Dann versuchte die Akademie, das un= nütze Zeug fortzulassen, mußte es aber schon im folgenden Jahre wieder aufnehmen: Der Kalender war nicht gekauft worden. Erst Friedrich der Große setzte Kalender ohne astrologisches Beiwerk durch. Ganz erlosch die Kalendertradition jedoch nie.

Allen letzten Ausklängen aber fehlte jede geistige Bedeutung. Das Band, das jene Kultur der Astrologie, die vor allem im 15. und 16. Jahr= hundert bestand, mit dem Neuerwachen des astrologischen Gedankens in unseren Tagen verbindet, führt nicht über den Weg dieser historischen Entwicklung. Es ist unsichtbar geknüpft an einen verwandten geistigen Rhythmus, der sich heute aufs neue offenbart.

\* \* \*

Das Lehrgebäude der Astrologie in seiner mittelalterlichen Er= scheinungsform gründete sich auf das Weltbild des Ptolemäus, der um 130 nach Christi lebte. Die Erde wurde als Zentralkörper gedacht, um den sich Sonne, Mond und Planeten ebenso drehten, wie das mächtige Ge= wölbe des Firsternhimmels. Auf die Erde bezog sich der ganze himmlische Apparat — nach christlicher Anschauung ein Ausdruck der Weisheit und Allmacht Gottes.

Man kannte fünf Wandel= sterne, Saturn, Jupiter, Mars, Venus und Merkur, zu denen sich die zwei Lichter Sonne und Mond gesellten, so daß man sieben Planeten zählte. Diese sieben Planeten umgaben die Erde mit ihren sieben Sphären, die wiederum von einer achten Sphäre, dem Firsternhimmel, umschlossen wurden. Der Firsternhimmel war der Hintergrund für die Planetenbahnen, die auf ihm eine Straße zu wan=

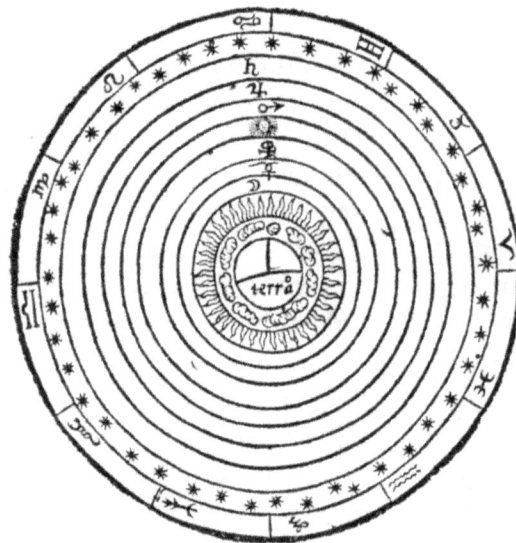

Abb. 5. System des Ptolemäus.
Aus „Andreae Argoli Ephemerides" 1677.

16

**Abb. 6. Armillarsphäre mit allegorischen Figuren.**
Aus „Theoricarum nouarum Georgij Purbachij . . .‟ 1515.

dern ſchienen, den Tierkreis. Die achte Sphäre wurde von außen her bewegt und in 24 Stunden um den feſtſtehenden Mittelpunkt, die Erde, herumgedreht. Dieſe Bewegung der äußerſten ſichtbaren Sphäre teilt ſich den Planetenſphären mit, die mit ihr um den gleichen Mittelpunkt ſchwingen, jedoch jede mit einer andern Geſchwindigkeit; auf dieſe Weiſe wird jeder an ſeine eigene Sphäre gefeſſelte Planet zu verſchiedenen Zeiten in den verſchiedenen Bildern des Tierkreiſes geſehen.

Abb. 7. Sphärenbild im Aufriß.
Aus Konrad von Megenbergs „Buch der Natur“, um 1482.

Außerhalb der flimmernden Firſternſchale gab es, den Menſchen unſichtbar, noch eine neunte Sphäre, den Kriſtallhimmel oder das Primum Mobile, die Region der neun Hierarchien. Von hier führte die letzte Stufe zum Sitz Gottes, zum Empyreum. Die erhabenſte Darſtellung dieſes himmliſchen Weltenbaues gibt uns Dante in ſeinem „Paradies“.

Hier folge nun eine Beſchreibung, wie ſie Konrad von Megenberg im 14. Jahrhundert nach der „Sphaera Mundi“ des Sacroboſco gibt („Deutſche Sphära“): „Daz erſt ſtukke iſt der erſt lauf oder der erſt walzer; und haizt auch der criſtalliſch himel, dar umb daz er zemal lauter iſt und kainen ſtern hat. Und ob dem ſetzen die kriſten und die juden ainen himel, der haizzet der feurein himel, da von daz er an im ſelber ze mal leuhtend und prehend iſt. Und der hat kainen lauf; ſunder Got rut mit ſeinen lieben dar inne ... Nach dem erſten walzer iſt der geſternt himel, den man haizt daz firmament. Darnach iſt der himel des erſten planeten oder dez erſten ſelplauffigen ſterns, der da haizzet Saturnus oder der Satjar; ... nach dem iſt des andern planeten himel, der da haizzet Jupiter oder der Helfvater ... nach dem Helfvater iſt Mars der planet, haizt der Streitgot ... Nach dem Streitgot iſt deu Sunne. Dar nach iſt Venus oder der Morgenſtern in ſeinem himel. Nach dem iſt Mercurius, der haizt der kaufleut herre oder der Sprech herre, dar umb

18

daz die kinder unter seiner kraft geporn wol gesprech sint. Nach den allen ist der Mon in seinem himel, wanne sein himel ist der klainst. Darnach ist feur. Nach dem ist luft. Nach dem ist wazzer. Dar nach ist erd."

Die Sphäre des Mondes scheidet die Welt der Unvergänglichkeit und Unveränderlichkeit von der Welt der Vergänglichkeit.

„Ob dem mân (Mond) ist staetekeit"
sagt Thomas von Zirclaria in seinem „Wälschen Gast". Die Welt unter dem Mond aber, die sublunare, ist vergänglich. Hier herrschen — so überlieferte schon Aristoteles — die vier Urstoffe, die Elemente Erde, Wasser, Luft und Feuer als vergängliche Substanz. Wir dürfen hier nicht den Begriff Element im Sinne unserer heutigen Wissenschaft nehmen; es handelt sich eher um das, was wir heute unter den vier Aggregatzuständen fest, flüssig, gasförmig und strahlend verstehen. Alles Irdische nun, was in diesen vier Elementen existent ist, ist dem Einfluß von oben her untertan. Mensch wie Getier, Pflanze wie Gestein. „Alsô hât unser herre auch den sternen kraft gegeben, daz sie über alliu dinc kraft hênt... Sie habent kraft über bäume und über wînwahs [Wachstum des Weines], über loup unde gras, über krût und wurze, über korn und allez daz, daz sâme treit, über die vogel in den lüften und über diu tier in dem walde und über die vische in dem wâge [im Wasser] und über die würme in der Erden... Sie habent kraft über dîn lîp [Leib] und über dîne gesuntheit und über dîne kraft; und über dînen willen habent sie keinen gewalt." (Berthold von Regensburg, † 1272.)

Das Geistige im Menschen hat keinen Anteil an den vier irdischen Elementen, und ist also frei von der Gewalt des Himmels.

Die überragendste Bedeutung hinsichtlich des Einflusses auf die Erde stand zweifellos den Planeten zu, von denen man annahm, daß sie mit ihren stets wechselnden Figurationen den steten Wechsel alles Lebendigen auf der Erde bedingten, „von oben nehmend und nach unten gebend." (Dante, „Paradies" 2). Ihnen folgen an Bedeutung die 12 Zeichen des Tierkreises, jenes Kreises der jährlichen Sonnen- und monatlichen Mondwanderung, dessen zwölffache Einteilung durch den Lauf des Mondes und seiner Beziehung zur Sonne, wie man glaubt, leicht gegeben war. Die Firsterne spielten in der volkstümlichen Astrologie eine untergeordnete, wenn auch nicht durchaus nebensächliche Rolle.

In den Planeten empfand der mittelalterliche Mensch das Wirken höchst persönlicher Kräfte auf das irdische Dasein, ob er die Planeten gleich als beseelte Geschöpfe oder als von göttlichen Wesenheiten geleitete Körper betrachtete. Ein solches Gefühl der personalen Macht der Gestirne hatte schon früher den Gedanken der Planetenkindschaft er-

Abb. 8. Saturn und seine Kinder.
Niederländisch, um 1440.

weckt, der im deutschen Mittelalter vor allem seine breiteste Ausgestaltung erfuhr. Jeder Mensch stand in einem Kindschafts= verhältnis zu dem seine Geburt beherr= schenden Planeten. Die hervorstechendsten Eigenschaften eines solchen geburtsge= bietenden Planeten sah man, gleichsam vererbt, in dem heranwachsenden Erden= bürger sich entfalten. So gab es Sa= turnkinder, Jupiterkinder, Sonnenkinder usw., die je einen wohl voneinander zu unterscheidenden Typus darstellten.

In einem der sehr verbreiteten Planeten=Verslein erzählt beispielsweise Saturn von sich und seinen „Kindern":

Haarig, nervig, alt und kalt,
hinkend, stinkend, ungestalt
bin ich und alle meine Kind,
die unter mir geboren sind.

Wollen wir mehr über solche Pla= netenkinder und über die sie gestaltende Planetenkraft erfahren, so wird es lohnen, sich in die sog. Planetenkinderbilder zu ver= tiefen, die im 15. und 16. Jahrhundert in zahlreichen Serien entstanden.

Unter Saturns Herrschaft finden wir dort Gefangene, Krüppel und Gichtbrü= chige, Darbende und Gerichtete. Er regiert die schmutzigen und mühsamen Arbeiten, Schweinefüttern, Schlächterei, Erdarbeiten usw. Wir haben es also anscheinend mit einer sehr fragwürdigen Planetenkraft zu tun. Das „große Unglück" ist Saturns häufiger Beiname; denn daß er seinen Kindern etwas wegnimmt, sie verkümmern läßt, sie in irgend= einer Weise hemmt und einschränkt, wurde am häufigsten beobachtet und gab so die Veranlassung zu seiner Charakteristik. Die Berufsliste seiner Kinder, die schon im Alter= tum recht ausgiebig war, wächst im aus=

Abb. 9. Saturn.
Planetenbuch, 1553.

20

gehenden Mittelalter zu ungeheuerer Länge an. Eine allerdings schon sehr späte Aufzählung faßt für Saturn zusammen:

„Fürnehmlich ghört unter mein Geschlecht / Schergen, Büttel und Steckenknecht / Hundsschlager, Trepel, Klaiber, Schinder / Gerber, Schuhmacher, Fässebinder / Steinmetzler, Zimmerleut und Maurern / Roß-, Eseltreiber, auch Hirten und Bauren / Wirth, Gantner, Fuhrleut, Bader, Fischer / Sämer, Schnitter, Taglöhner, Trischer . . . / Sprecher, Partisant, Lotterbuben / Auch Bergleut aus'n Erzgruben / Schuhflicker, Lampentrager, Schleifer / Trommelschläger, Heerpauker und Sackpfeifer / Zaubrisch Huren und Landfahrer / Triakes-Krämer, Wurzenstarrer / Landsbetrüger, Bettler, Henkersknecht / Haben all bei mir Fug und Recht."

Während aus den Planetenkinderbildern des Saturn die Müh-seligkeit und Verächtlichkeit der saturnalen Berufe eindeutig hervortritt, ist das Bild in dieser wie in so manch anderer Aufzählung, schon wesentlich verschwommener. Eine so wahllos und ohne innern Sinn auf-gestellte Reihe — wie sie den Eindruck machte — schien sich beliebig erweitern zu lassen.

Mit derbem Spott versucht denn auch ein Johann Fischart die ganze Planetenkindschaft ad absurdum zu führen. Er schreibt in „Aller Practick Großmutter" (1572) dem „Kindfresser Saturno" folgende Berufe zu: „Alles dürstiges Gesindlein, das mehr Läus hält, als bar Geld", ferner Hundsdrecksammler, Steinpicker, Spin-nenfresser, Besenstieler, Kirschenzähler usw. Der Venus unterstellt er die Liebthurnierer, Händ-

Abb. 10. Saturn. Kalenderbild, 1514.

leintrucker, Brüstleinschmucker, die böckischen Männlein, Huldaffen usw.

Es war für den Zweifler nicht schwer, auch aus den übrigen astro-logischen Lehren zahlreiche scheinbare Torheiten an den Tag zu holen. Und dennoch vermochte kein Spötter, die Wertschätzung derartiger Dinge aus der Welt zu schaffen, da alle Angriffe nur die jeweiligen törichten Formulierungen trafen, aber nicht das Wesen der Sache selbst. So war auch hier der namhafteste Teil all dieser Zuordnungen, deren augen-scheinliche Oberflächlichkeit Fischart zum Spotte reizte, aus einem Ur-Erlebnis hergenommen: Dem Erleben der einzelnen Planetengewalt als einer Einheit. Die so mannigfache Auswirkung dieser Gewalt war durch die Mannigfaltigkeit alles Lebens bedingt. Nicht so war es auf-zufassen, daß Saturns Kraft (ebenso die der andern Planeten, wie wir später sehen), die menschlichen Zustände und Handlungen erschuf — nein, Saturns Kraft wirkte lediglich kältend (seiner so weiten Entfernung von der wärmenden Sonne wegen, sagt Ptolemäus); sie übermittelte lediglich Trägheit, zufolge der eignen langsamen Bewegung des Gestirns, und veranlaßte so die von ihr Beeinflußten, ihrerseits der Kälte, Erstarrung, Trägheit in sich Raum zu geben, was natürlich auch in ihrer Berufswahl zum Ausdruck kommen mußte. So betrachtet, erweist sich die Saturngewalt als ein beim Bau der irdischen Welt beteiligtes Prinzip, und zwar als eine Kraft, die dahin tendiert, den Stoff zusammenzuziehen (Kälte zieht zusammen), zu konzentrieren, ihn der Erstarrung zuzuführen. Man empfand seit alters, indem man das Walten dieses Prinzips in der Körperwelt betrachtete, jedoch meist nur seine schmerzliche Auswirkung: In Verkümmerungs- und Alterserscheinungen, in Stauung und Verkalkung im menschlichen Organismus (siehe auf den Saturnbildern, Abb. 8, 11 und 87 die Gichtbrüchige und die Krüppel), in Hemmung und Unterbindung jeglicher Entfaltung (als Gott, der seine eigenen Kinder frißt, verkörpert ihn die Antike), auch der sozialen — daher auf den Bildern die ausgestoßenen und mühseligen Berufe, daher die Freiheitsbeschränkungen: Gefangenschaft und in den Stock geschlossen sein.

Da die saturnale Formgewalt, wie die aller andern Planeten, in bezug auf die ganze Erde wirksam ist und wie uns Berthold von Regensburg oben erzählte, nicht auf den Menschen allein beschränkt bleibt, muß es auch in der Natur genügend Ausdrücke des zur Erstarrung, zur Geschlossenheit drängenden Formwillens geben. So gelten die verknorzelten Bäume sowie die, denen geschlossene Form eigen ist, als Saturnbäume. Unter den Tieren werden als saturnisch genannt: die langsam kriechenden, einsamen, melancholischen. Auch leblose, starre Materie wird als Ausdruck des saturnalen Formwillens genommen. Darum fühlen sich Saturnkinder zur Beschäftigung mit starrer Materie vornehmlich hingezogen, sei es, daß sie Häuser bauen, Steine klopfen, sei es selbst, daß sie Material in irgendeiner Form um sich herum anhäufen: als Geizhälse und Wucherer.

Nun finden wir unter den Saturnkindern aber auch solche, bei denen die zusammenziehende Kraft Saturns im Geistigen waltet, und sich dort in Konzentration, in Meditation äußert. Auf Abb. 87 finden wir einen Eremiten vor seiner Hütte sitzend. Der Eremit, der in freiwilliger Beschränkung lebt, und sich in der Einsamkeit in sich selbst zurückzuziehen sucht, ist solch ein geistiges Saturnkind. Ein anderes Beispiel: Dante versetzt die Vertreter der „Vita contemplativa" in die Saturn-Sphäre seines Paradieses.

Auch in Dürers Meisterstich „Melencolia I" (Abb. 13) haben wir einen Ausdruck saturnaler Geistigkeit vor uns. Der Zustand der Melancholie

Abb. 11. Saturn und feine Kinder.     Abb. 12. Jupiter und feine Kinder.

Mittelalterliches Hausbuch.

wurde schon seit alters dem Saturn zugeordnet und galt so, wie ihn die Antike verstand und wie er auch von Dürer verstanden wurde, als er den Stich „Melencolia I" schuf, nicht als sentimentale Gemütsverfassung, sondern als Veranlagung zu innerlicher Versenkung, auf Grund deren ein formaler Schöpfungsakt erst möglich wird. Dürer, zu dessen Zeit die astrologischen Ideen jedem Gebildeten geläufig waren, äußerte sich einmal: „Man kann wohl ein Bild machen, dem der Saturnus oder Venus aus den Augen heraus scheinet." Aus Dürers Stich „Melencolia I." scheint denn der Saturn in hohem Maße heraus. Der tiefe, geballte Konzentrationszustand der Gestalt, die Gerätschaften, die überwiegend von Zielen konstruktiver Art erzählen, zeugen von dem Vorhandensein der saturnalen Idee — auch Geometrie und Baukunst gehören ja zur Domäne des Saturn. Dürer soll das Blatt als Trostblatt gegen die Saturnfürchtigkeit des Kaisers Maximilian I. geschaffen haben. Saturnkinder pflegten leicht in tiefe Depression zu verfallen, nicht zuletzt, weil sie sich nur der niederdrückenden, unheilvollen Gaben des Planeten Saturn bewußt wurden. Kaiser Maximilian I. fühlte sich als solch ein Saturnkind, und es mochte angebracht sein, ihm jenen geistigen saturnalen Zustand, jenen Zustand innerlicher, ja mitunter schöpferischer Versenkung vor Augen zu führen. Damit sind durchaus nicht alle Fragen berührt, die sich beim Anblick des Stiches erheben, aber ein wesentliches Moment ist gekennzeichnet, seine inhaltliche Zugehörigkeit zum Kreis der Saturnideen; quellengeschichtlich steht diese fest.

Eine zum Saturn geradezu gegensätzliche Kraft geht von Jupiter aus: Fülle, Entfaltung, Entwicklung kennzeichnen sie.

„Was der Saturnus übel thut,
das pringt der Jovis alles guet."

Die Darstellung des H. S. Beham (Abb. 88) zeigt uns Jupiter selbst als reichen, vornehmen Mann durch die Wolken fahrend. Seine Kraft ist in höchstem Grade lebenserhaltend, er waltet über Wachstum und Gedeihen. Ihm unterstehen das weltliche Recht und das Regiment der Kirche. Beide sind offenbar Ausdruck des erhaltenden Willens, und zwar im sozialen Organismus. So finden wir denn auf den Jupiterdarstellungen die Gerichtsbarkeit, dargestellt durch einen seines Amtes waltenden Richter, die Institution der Kirche, dargestellt durch einen amtierenden Geistlichen (Abb. 12) oder durch einen thronenden Papst, dem selbst der Kaiser Reverenz erweist (Abb. 88). Nichts diente ursprünglich stärker der Erhaltung und Entfaltung eines Volkskörpers als die Pflege des himmlischen und irdischen Rechtes. Nicht immer wurde das Gesetz als ein solch saturnaler Hemmschuh empfunden, wie allzu häufig

24

Abb. 13. Dürers „Melencolia I.".
1514.

Abb. 14. Jupiter.
Planetenbuch, 1553.

in unſern Tagen! Seinem Weſen nach iſt es ein Gartenzaun, der ſchützt, um das Gedeihen dahinter zu ermöglichen und zu fördern. In dieſem Sinne gehört auch die Einrichtung der Ehe unter die Herrſchaft Jupiters. Ebenſo unterſtehen ihm die „hohe Jagd“ (Abb. 12 und 88), wie auch die Forſtwirtſchaft, beide auf ihre Art der Erhaltung dienend.

Dem Jupiter iſt alſo alles zugehörig, was mit Wachstum und Gedeihen zuſammenhängt. Wir ſehen zwar Gartenbau unter Saturn (Abb. 8 und 11). Dies iſt ſo zu verſtehen: Das Wachſen befördert zwar Jupiter, das Bereiten des Bodens aber, das Beſchneiden der Bäume zielt auf das Sammeln, auf die Konzentration der Wachstumskräfte hin und iſt inſofern ſaturnal. Jupiterkraft waltet in der Natur, wo völliges, repräſentatives Wachstum beſteht, vereint mit einer gewiſſen Würde — ſowohl im Tier wie im Pflanzenreich. Den JupiterKindern ſagte man jenes Spendende, aus dem Vollen ſchöpfende Weſen nach, was man heute noch mit dem Worte ‚jovial‘ kennzeichnet, ohne mehr an Jupiters Geſchöpfe, an Joviskinder dabei zu denken. Das Überfließende, ſich Entfaltende des Jupiterweſens hat aber auch ſeine negative Seite: Es artet im Menſchen leicht zu Völlerei und Protzerei aus — Untugenden, aus denen man ſich zwar weniger ein Gewiſſen machte und die dem guten Rufe Jupiters als dem „großen Glück“ keinen Eintrag taten. Im übrigen gelten ſeine Kinder als

„Zuchtig, tugenhafftig und ſlecht (aufrichtig),
Weiſz, fridlich, ſitig und gerecht...“
(Mittelalterl. Hausbuch.)

Mars, der Kriegsplanet und einſtmalige Kriegsgott, nennt wiederum eine vom Menſchen als böſe empfundene Aufgabe ſein eigen. Er gilt als „das kleine Unglück“, als „Übeltäter“ und iſt als ſolcher der Genoſſe Saturns ſchon ſeit älteſter Zeit.

Abb. 15. Mars.
Planetenbuch, 1553.

26

Saturn und Mars, die beiden „Malefici", erzeugen — so läßt sich schon Ptolemäus von den „Alten" sagen — die beiden verderblichen Gewalten Kälte (Saturn) und Trockenheit (Mars), während Jupiter und Venus, die „Wohltäter", die belebende und fruchtbare Wärme und Feuchtigkeit unterstützen. Als unfruchtbar und zerstörend wird die Marskraft empfunden, was sich deutlich genug im Tun und Handeln seiner Kinder spiegelt (Abb. 18 und 89): Krieg, Mord und Raub, Brandstiftung und Gewalttaten aller Art finden wir dort als ihre gewiß nicht gerade segensreichen Beschäftigungen. Von Sinnesart sind sie heftig, cholerisch, grausam, leidenschaftlich, sie sind aber auch die Träger des Wagemutes und der Durchsetzungskraft. Von

Abb. 16. Mars.
Planetenbuch, 1553.

den Elementen ist dem Mars das Feuer eigen, von den Metallen gehört ihm vornehmlich das Eisen zu, von den Pflanzen alle scharf und bitter schmeckenden, die brennenden und stechenden, von den Tieren die räuberischen und giftigen. Er ist es, der in der unbeherrschten Menschennatur die Leidenschaften erregt und also den Menschen zur Sünde verleitet,

Abb. 17. Venus.
1528.

weswegen man ihn fürchtet und haßt. Nur die allerwenigsten seiner Kinder wollen es wahr haben, daß es nur der Beherrschung ihrer Triebe bedarf, um alle Bosheit des Mars zum Verschwinden zu bringen. Aus den Bilddarstellungen ist diese Wahrheit nicht zu entnehmen, die manchem Praktikenschreiber jedoch bewußt ist. Der Mars hat übrigens auch seinen Himmel: In Dantes „Paradies" bewohnen ihn die Gotteskämpfer und Märtyrer.

In Venus ist wiederum eine Gegenkraft gegeben. Als natürliche Gegnerin des Mars, setzt sie seiner Ungezügeltheit ihre durch und durch gemäßigte Natur entgegen, seinem leidenschaftlichen Begehren: Sitte und schöne Haltung. Sie wird als glückbringendes Gestirn zur Genossin Jupiters; nur verwendet sie ihre Gaben nicht wie dieser auf die repräsentativen Äußerungen

27

Abb. 18. Mars und feine Kinder.

Abb. 19. Sol und feine Kinder.

Mittelalterliches Hausbuch.

28

Abb. 20. Venus und ihre Kinder.    Mittelalterliches Hausbuch.

Abb. 21. Merkur und seine Kinder.

29

Abb. 22. Merkur.
Planetenbuch, 1553.

des Lebens, sondern auf des engeren Daseins Schmuck und Schönheit. Man nennt sie das „kleine Glück", was nicht heißen soll, daß ihre Wirkung schwächer wie die Jupiters sich äußert, sondern daß sie ihre Kräfte dem Kleineren, Alltäglichen schenkt. Ihre Kinder lieben es (Abb. 20, 27 und 91), der Geselligkeit zu pflegen, zu singen, zu tanzen und sich den Badevergnügungen und der Liebe zu ergeben. Schlecht gestellt macht sie zu Leichtsinn, zu Eitelkeit und Wollust geneigt. Ihr gehören zu die Blumen, das Obst, Wohlgerüche und süße Gewürze, mutwillige, anmutige und verliebte Tiere.

Merkur, der geschäftig hin und her eilende, unermüdliche Begleiter der Sonne, der Götterbote der Alten, hat keine ausgesprochen eigene Natur. Er nimmt das Wesen jener Gestirne an, mit denen er sich verbindet. Sich fremden Einflüssen zu öffnen und sie weiterzutragen, muß geradezu als seine Stärke bezeichnet werden. Seinen Kindern verleiht er, durch diesen seinen Wesenszug, die offene Empfänglichkeit für alles Wissenswerte, die Gabe der Erfindung und das gleichzeitige Bestreben, die erlernten Künste und Wissenschaften weiter zu geben. Die Merkurkinder vermitteln ihre Kenntnisse durch Lehre und Buch, sie schaffen durch das Handwerk Mittel heran, um die Werke ihrer Kunst und ihrer Erfindung allen Menschen zugänglich zu machen. Auch zu Handel und Kaufmannschaft treibt sie ihr Hang zu vermitteln und umzusetzen. Unter Merkurs Kindern finden wir (Abb. 21, 26 und 92) Holzschneider, Maler, Orgelbauer und -spieler, Goldschmiede, kurz Künstler, die sich eines Materials (Holz, Farbe, Instrument, Gold usw.) als Mittel zu ihrer Kunst bedienen. Ferner gelten als Merkurkinder der Arzt, der Astronom und Uhrmacher, der Schreiber, Lehrer, der Kaufherr und manch anderer. Merkur beherrscht Verstand und Sprache. Wo wir

Abb. 23. Merkur.
Aus „Sybilla", Augsburg o. J.

30

Abb. 24. Venus und ihre Kinder.

Abb. 25. Merkur und seine Kinder.

Aus dem „Kalender of Shepherdes". 1503.

auf den Merkurkinderdarstellungen der Tafelei begegnen, handelt es
sich um Mahlzeiten, die den Nahrungstransport in den Körper vermitteln, während die Tafelfreuden, die kulinarischen Genüsse, unter
Venus zu suchen sind. Dem Merkur gehören zu die klugen Tiere mit
scharfen Sinnen und unter den Metallen das Quecksilber.

Es bleiben uns noch von den Planeten die beiden großen Lichter
des Tages und der Nacht: Sonne und Mond. Ihrer Umlaufszeit
nach zählte man die Sonne zwischen Mars und Venus. Wohl kannte
man sie als den wichtigsten Quell des Lebens auf Erden, als conditio
sine qua non, aber wo es sich um die Zuordnung der verschiedenen
Lebensformen handelte, beschränkte man sie auf das nur ihr eigene
Bereich. Das beherrschende Gestirn schafft sich selbstredend Kinder nach
seiner Art (Abb. 19 und 90): Menschen die herrschen, spenden und in
Glanz und Ehren leben, Menschen von Kraft und Gesundheit, die es
wie wir auf unsern Sonnen-Kinderbildern sehen, in Kampfspiel und
Wettstreit zu erproben gilt. In der Natur gehört der Sonne alles zu,
was den Glanz oder eine andere Qualität dieses Gestirns nachahmt:
das Gold unter den Metallen, von den Pflanzen die Sonnenblumen,
Lotosblumen und alle Gewächse, die sich der Sonne zuwenden; von den
Tieren die kraftstrotzenden und beherzten.

Von den Zuordnungen — soweit sie über den Rahmen der Planetenkinder-Darstellungen hinausgehen — wurden hier immer nur wesentliche herausgegriffen. Die Listen der alten Texte sind so überreich an
mißverstandenen und zusammengefabelten Dingen, daß durch deren
gesamte Aufzählung ein völlig unübersichtliches Bild voller Unsinnig-
keiten entstehen würde. Für uns wäre nichts damit gewonnen, nur dem
Voreingenommenen wäre für seine Meinung, einem Stück menschlicher
Narrheit gegenüberzustehen, neue Nahrung gegeben. Um aber ein
Beispiel zu nennen, so soll — nach Agrippa von Nettesheim — der
Sonne unterstehen „der Hundsaffe, der jede Stunde des Tages,
also 12 mal, bellt und zur Zeit der Sonnenwende ebensooft pißt"
(ägyptische Überlieferung). Auf die vollständige Aufzählung solcher
Dinge aber kann es gar nicht ankommen, wo es sich um die Fixierung
astrologischer Grundgedanken handelt. Diese Dinge wurden geglaubt,
wie manches geglaubt wurde, was man nicht besser wußte. Und sie
wurden auch hier und dort als Unsinn erkannt und beiseite geworfen,
ohne daß die Lehre von den Entsprechungen an sich davon betroffen
worden wäre.

Der letzte Planet des alten astrologischen Systems ist der Mond.
Die Art seines Einflusses entspricht seinem dauernden Gestaltwandel

Abb. 26. Merkur und seine Kinder.
Tübinger Handschrift um 1400.

und der Schnelligkeit seines Laufes. Er bringt das Moment der Wandlung und der Vergänglichkeit in die Welt, wodurch er die Dauer des Stoffes verhindert (dem Landmann wird vielfach die Kenntnis der zerfallenden Kraft des Mondes zugeschrieben). Seine Kinder lieben ihm entsprechend das Bewegte, Veränderliche. Die Darstellungen (Abb. 32 und 93) zeigen deren Beschäftigungen mit dem fließenden Element: mit Schwimmen, Fischen und Mühlenbetreiben. Die Mondkinder lieben es, auf Wanderschaft zu gehen und Seereisen zu unternehmen, worauf das Schiff in den Darstellungen hinweist. Auch der Zauberkünstler (Abb. 32), der mit seinen Verwandlungskünsten die Kraft der Luna ins Spielerische zu biegen sucht, ist ein Mondkind —ebenso der echte Adept der Alchymie. Die ganze Magie, durch die sich der Verwandlungsgedanke wie ein roter Faden hindurchzieht, ist ebenfalls Mond-bedingt. Daß bei aller Zauberei der Stand des Mondes beachtet werden muß, war weitverbreiteter Volksglaube.

Abb. 27. Venus und ihre Kinder.
Schermar-Handschrift vom Anfang des 15. Jahrh.

Der Charakter der Mondkinder ist unbeständig, launisch und grillenhaft. Als lunarisch gilt alles Feuchte sowie alles, in dem das Feuchte überwiegt. Von den Tieren unterstehen dem Mond die Amphibien und Wasservögel, von den Pflanzen die Kürbisse, Gurken, Melonen usw. Der Mond spielt als Ereignis auslösendes Moment in der Horoskopie die größte Rolle.

Eine Erklärung gibt Agrippa von Nettesheim: „Der Mond, als der Erde am nächsten, ist der Behälter aller himmlischen Einflüsse. Vermöge der Raschheit seines Laufes tritt er jeden Monat mit der Sonne und den übrigen Planeten und Gestirnen in Konjunktion; er ist gleichsam die Gattin aller Sterne und der fruchtbarste unter ihnen, und indem er die Strahlen und Einflüsse der Sonne sowie der übrigen Pla-

34

Abb. 28. Zuordnung der 7 Planeten zu den 7 freien Künsten, den Wochentagen
und den Metallen.
Tübinger Handschrift um 1400.

Abb. 29. Sonne.
Planetenbuch 1553.

Abb. 30. Sonne.
Planetenbuch 1553.

neten und Sterne aufnimmt und sozusagen damit geschwängert wird, überliefert er sie seinerseits der ihm zunächst befindlichen unteren Welt... Er übt daher eine weit augenscheinlichere Einwirkung als alles andere auf die unteren Dinge... Deshalb ist aber auch vor allem der Lauf des Mondes zu beobachten." Zahlreiche Regeln knüpfen sich daher an den Stand des Mondes. Bei Aussaat und Ernte ist er zu beachten, wie bei der Krankenheilung und bei manchen Verrichtungen. Wird das Holz z. B. zur unrechten Zeit gehauen, nämlich zur Zeit des Neumondes (der auch für jede Geburt ein äußerst ungünstiger, schwächender Augenblick ist) und in einem „feuchten" Zeichen, also im Krebs, Skorpion oder in den Fischen, so ist es zu nichts zu gebrauchen.

Abb. 31. Luna. 1528.

Erwähnt sei noch, daß abgesehen von dem jeweiligen Stand des Mondes auch jene Punkte als wirkend angesehen wurden, in denen die Mondbahn zuletzt die Ekliptik in nördlicher oder südlicher Richtung gekreuzt hatte: der aufsteigende und der in der Ekliptik gegenüberliegende, absteigende Mondknoten. Befinden sich Sonne und Mond gleichzeitig an diesen

36

Punkten, so entſteht bei der Konjunktion beider Lichter eine Verſinſterung der Sonne, bei der Oppoſition eine Verfinſterung des Mondes. Der in den Praktiken gebräuchliche Name für den auf- und abſteigenden Mondknoten iſt Drachenkopf und Drachenſchwanz, welche Bezeichnung auf die alte mythologiſche Vorſtellung zurückgeht, daß bei Sonnen- und Mondfinſterniſſen ein Drache die Himmelslichter verſchlänge. Drachenkopf und Drachenſchwanz gelten als wirkend, auch wenn keine Finſterniſſe ſich gerade in ihnen ereignen, und zwar wird dem Drachenkopf glückbringende, dem Drachenſchwanz unglückbringende Bedeutung zugeſchrieben.

Wir haben jetzt die aſtrologiſchen Grundvorſtellungen vom Weſen und von der Wirkung der einzelnen Planeten kennen gelernt. Die wahre Erkenntnis aller Planetenkräfte, das vollſtändige Erleben jedes einzelnen Planetenkomplexes führt den Menſchen, wenn wir hier Dante folgen wollen, zur Gottes-Erkenntnis, durch die allein man erſt zum höchſten und erhabenſten Zuſtand, zur Gottes-Anſchauung gelangen kann.

Abb. 32. Luna und ihre Kinder.
Mittelalterliches Hausbuch.

Was für die reine, erlöſte Seele die Planetenkräfte bedeuten, erzählt Meiſter Eckhart (ca. 1260—1329): „Iſt die Seele zu einem ſeligen Himmel geworden, ſo ziert unſer Herr ſie mit den ſieben Sternen, die St. Johannes ſchaute, im Buch der Geheimniſſe, da er den König über alle Könige ſitzen ſah auf dem Throne ſeiner göttlichen Herrlichkeit „und hatte ſieben Sterne in ſeiner Hand". So merket denn: es iſt der erſte Stern, Saturnus, ein Läuterer; der zweite Jupiter, ein Be-

37

günstiger; der dritte, Mars, ein Furchterwecker; der vierte, die Sonne, ein Erleuchter; der fünfte, Venus, ein Liebebringer; der sechste, Merkurius, ein Gewinner; und der siebente, der Mond, ein Läufer. So geht denn am Himmel der Seele Saturnus auf, als ein Läuterer zu Engels reinheit; und bringt als Gabe das Schauen der Gottheit. Wie unser Herr spricht: Selig sind, die reinen Herzens sind, denn sie sollen unser ansichtig werden!

Dann kommt Jupiter, der Begünstiger; und bringt als Gabe den Besitz der Erde: nicht die wir als Leib an uns tragen, noch die wir mit den Füßen treten, sondern die wir mit unserer Sehnsucht suchen, das Land, wo Milch und Honig fließt, wo Menschheit sich mit Gottheit mischt. Wie unser Herr spricht: Selig sind die von Herzen Sanft mütigen, denn sie sollen das Erdreich besitzen!

Danach geht Mars auf, der Furchtbare, mit grimmem und furcht barem Leid um Gott; und bringt als Gabe das Himmelreich. Wie unser Herr spricht: Selig sind, die um Gottes willen Verfolgung leiden, denn das Himmelreich ist ihr!" ... (Es folgen in gleicher Weise Be trachtungen über Sonne, Venus, Merkur und Mond.)

Es sei jetzt noch kurz einiger Zusammenstellungen gedacht, die von dem gemeinsamen Walten der sieben Planeten in ein und demselben Bereich erzählen. Es gibt eine im Mittelalter des öfteren dargestellte Zuordnung der sieben Planeten zu den sieben freien Künsten. Jeder Planet betätigt gewissermaßen seine Talente im Reich des Geistes in der ihm gemäßen Weise. So nimmt sich Saturn der Geometrie an, Jupiter der aus der Fülle schöpfenden Dialektik, Mars der Arithmetik; auf die Sonne entfällt die Grammatik, die Mutter aller Weisheit, auf Venus die Musik; die Astronomie auf Merkur, und die an das Ge fühl appellierende Rhetorik auf Mond (vgl. Abb. 28).

Auch die sieben Todsünden der katholischen Kirche haben eine solche planetare Entsprechungsfolge aufzuweisen, wie die altchristliche Mystik weiß und wie es auch das Mittelalter lehrt. Und zwar handelt es sich bei diesen Todsünden um die jeweilige egoistische Anwendung einer der sieben Planetenkräfte von seiten des Menschen. Als Hoffart wird die astro logische Wirksamkeit der Sonne in das Bereich der Eigenliebe hinein gezogen; Trägheit, besser geistige Stumpfheit (acedia) entsteht dort, wo Saturns Kraft lähmend und erstarrend auf den Geist des Menschen wirkt, weil dieser — wiederum aus Eigenliebe — zu bequem ist, sich mit dieser Kraft auseinanderzusetzen, also in sich zu gehen und der Er kenntnis nachzustreben. Im gleichen Sinne ist Völlerei die Jupiter Sünde, Zorn die Mars-Sünde, Unzucht die Venus-Sünde. Beim

38

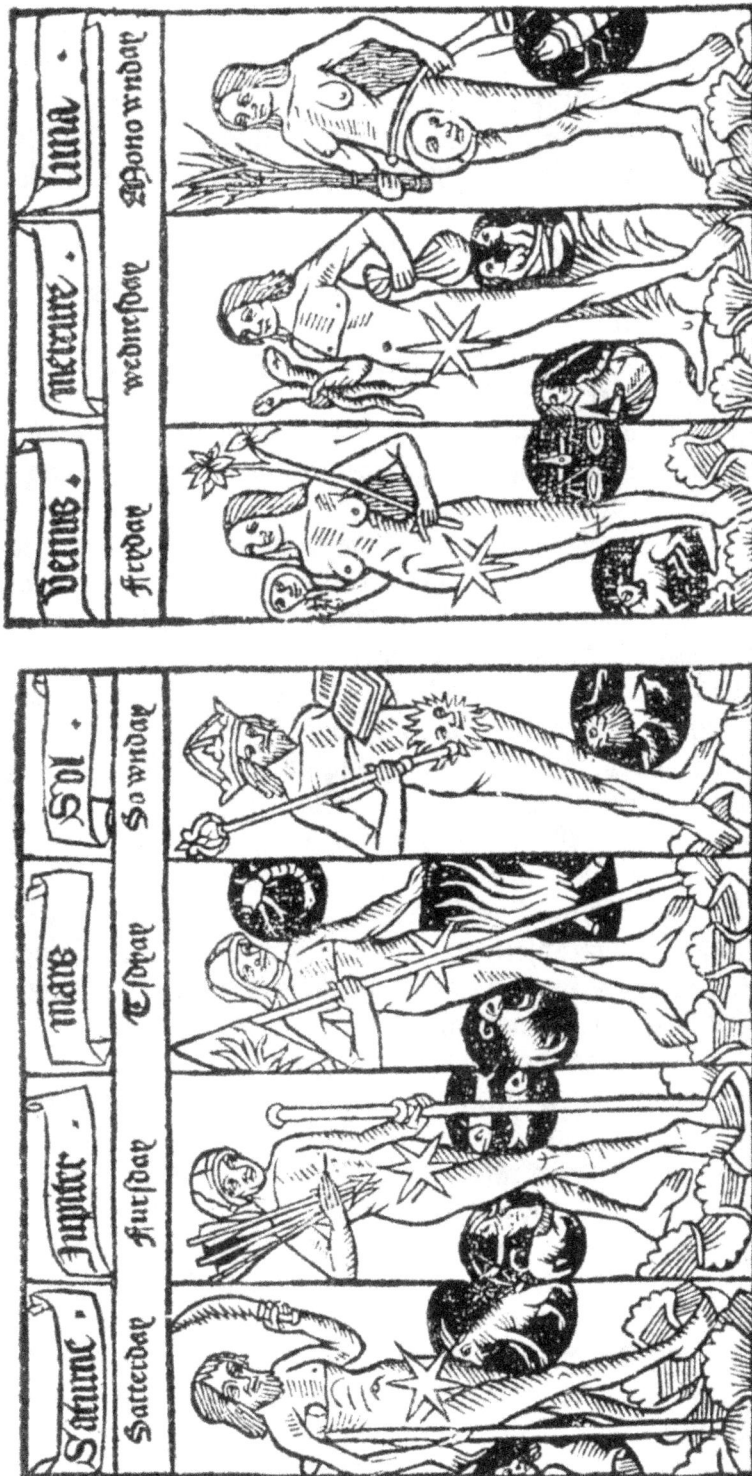

Abb. 33. Die 7 Planeten als Herren der 7 Wochentage.
Aus dem „Kalender of Shepherdes". 1503.

Geiz unterbindet man aus Eigennutz die Bestimmung der Merkur=Kraft, weiterzugeben und mitzuteilen; Neid, der Wunsch nach des andern Men= schen Besitz und Lebensumständen ist endlich der irregeleitete Verwand= lungswunsch, den die Mond=Kraft erweckt. Sünden sind sie alle, weil nur die böseste der menschlichen Schwächen, die Ich=Liebe, ihnen Gelegen= heit gibt, sich zu äußern.

Die Siebenheit der Kräfte soll sich auch in den sieben Tagen der Woche offenbaren (Abb. 33), eine Lehre, deren Alter bereits weit über die Antike hinausgeht.

Wenn übrigens in unserm Donnerstag der dies Jovis als Tag Donars oder Thors erscheint, im Freitag der dies Veneris als Tag der Freya usw., so ist mit der Annahme einer römischen Beeinflussung lediglich eine formale Tatsache, nicht aber die tiefere Bedeutung dieser Gleichsetzung getroffen.

Mag immer eine Anpassung an die römische Tages=Reihenfolge stattgefunden haben, es bleibt — sobald mit der Wirklichkeit planetarer Einwirkungen auf Erde und Mensch gerechnet werden muß — eine offene Frage, ob die zweifellos vorhandene Wesensähnlichkeit zwischen Jupiter und Thor, zwischen Venus und Freya (um die einfachsten Beispiele zu nehmen) am Ende doch darauf beruht, daß diese Gottheiten ein und dieselbe Kraft darstellen, eine Kraft, die lediglich von der Natur verschiede= ner Völker verschieden versinnbildlicht wurde. Ist es so, dann hätten wir die bedeutendsten Gestalten nordischer Gottheiten nicht länger einem bißchen Wind und Wetter zu verdanken, wie es häufig ange= nommen wird, oder den ausschließlichen Beeinflussungen anderer Völker, oder gar einer schauerlich objektiven Beobachtung an sich beziehungsloser Fixsternfigurationen — sondern den wahrhaft vom Himmel hernieder wirkenden schöpferischen Gewalten.

Endlich sei denn noch der Zuordnung der verschiedenen Lebensalter zu den einzelnen Planeten gedacht. Die vier ersten Kindesjahre soll nach einigen Überlieferungen der Mond beschützen. Ihm folgt Merkur, die verstandesentwickelnde Kraft; zehn Jahre dauert seine Herrschaft. Der Venus gehören die anschließenden acht Jahre. Die Sonne folgt mit zehn, Mars mit sieben, Jupiter mit zwölf Jahren, bis Saturn end= lich die Zeit der Herrschaften beschließt; auch seine Zeit beträgt zwölf Jahre. Bei dieser Verteilung steht am Ende der Jahre das große Kli= makterium, das gefährliche 63. Lebensjahr. Über die Dauer der Herr= schaft eines jeden Planeten gibt es indes mehrere Angaben.

Waren meist nur die Wandelsterne gemeint, wenn von der Wirkung der Gestirne die Rede war, so pflegte man dennoch in der Horoskopie

40

Abb. 34. Die 7 Planeten mit ihren Zeichen und ihren Kindern, ihre Zugehörigkeit zu den Wochentagen. In der Mitte ein Aspektschema. (Um 1490.)

auch einige Firsterne zu berücksichtigen. Es kamen vor allem solche Firsterne in Frage, die in der Nähe der Ekliptik stehen und die zur Konjunktion mit Sonne, Mond und Planeten gelangen können. Dabei beschränkte man sich auf die Sterne 1. und 2. Größe. Der Charakter des einzelnen Firsterns wurde mit seiner Farbe in Zusammenhang gebracht. So schrieb die astrologische Tradition dem helleuchtenden Regulus ein Wesen zu, das etwa dem des Jupiter entsprechen sollte, vermischt mit Wesenszügen des Mars. Die Wirkung der rötlichen Sterne Aldebaran im Stier und Antares im Skorpion schien ähnlich zu sein, wie die des rötlichen Mars allein.

3*

Wir kommen nun zur Wanderstraße der Planeten, dem Tierkreis, der einen ganz bedeutenden Faktor des astrologischen Systems ausmacht. Zwölfmal ist der Mond zum Vollmond geworden, wenn er seinen Lauf auf dieser Straße einmal vollbracht hat. Die Astrologen zerlegten entsprechend — nach der bisherigen Auffassung — seinen Kreis in zwölf gleiche

Abb. 35. Tierkreis aus dem „Lucidarius".
Augsburg 1479.

Bereiche. Ihre Namen sind uns als die zwölf Tierkreiszeichen von Babylon-Griechenland her überliefert: Widder, Stier, Zwillinge, Krebs, Löwe, Jungfrau, Wage, Skorpion, Schütze, Steinbock, Wassermann, Fische. Beginnen ließ man den Kreislauf mit dem Punkt der Frühlings-Tag- und Nacht-gleiche, den man mit o Grad Widder zählte. Von hier ab rechnete man jedes der Kreiszeichen zu 30 Grad, aus welcher Zählweise allein schon zu ersehen ist, daß man sich nicht um eine Einordnung der über den Tierkreis verteilten, verschieden großen Fixsternbilder bemühte (vgl. Abb. 36). Es kommt

42

dazu, daß der Frühlingspunkt nicht feststeht, sondern sich infolge der Präzession langsam rückwärts bewegt (1 Grad in 71½ Jahren), so daß Zeichen und Firsternbilder sich dauernd gegeneinander verschieben. Es war allerdings nur wenigen Kennern der Astrologie ganz klar, daß zwischen Zeichen und Tierkreisbild ein grundsätzlicher Unterschied bestand. Die allgemeine breite Auffassung hinsichtlich der Wirkung des Tierkreises

Abb. 36. Sternbildkarte von Adam Gefugius
aus deffen „Speculum firmamenti ...". 1565.

auf Erde und Mensch ging dahin, daß die Tierkreisbilder, die sichtbaren Figuren der Sterne, die Träger der Wirkungen seien. Die sachkundige Auffassung war es nicht. Der Sinn eines solchen Tierkreiszeichens läßt sich erschließen, wenn wir einen Blick auf die Unterteilungen eines jeden Zeichens, auf die Dekanate werfen. Jedes Zeichen besaß drei solcher Dekanate zu 10 Grad, denen je eine verschiedene Bedeutung zugeeignet war, eine Bedeutung, die man durch allerhand Gestalten und Dinge symbolisiert hatte. Ein Beispiel, wie es Agrippa von Nettesheim überliefert,

43

sei hier gegeben: „Im erſten Geſicht [Dekanat] des Widders ſteigt das
Bild eines ſchwarzen Mannes auf, welcher ſteht, mit einem weißen
Kleide angetan und gegürtet iſt, einen großen Körperbau, rote Augen,
ſtarke Kräfte und das Ausſehen eines Zornigen hat. Dieſes Bild be⸗

Abb. 37. Tierkreiszeichen. 1489.
Die Zeichen ſind den Elementen nach geordnet: in der oberſten Reihe die
feurigen Zeichen, in der folgenden die irdiſchen, in der dritten die luftigen
und in der unterſten Reihe die wäßrigen Zeichen.

deutet und erweckt Kühnheit, Tapferkeit und Unverſchämtheit... Im
dritten Geſicht des Widders ſteigt die Geſtalt eines weißen, blaſſen
Menſchen, mit rötlichem Haare und rotem Kleide auf, der an der einen
Hand ein goldenes Armband trägt, einen hölzernen Stab vor ſich
hinhält, und unruhig und zornig ausſieht, weil er das Gute nicht leiſten
kann, das er will. Im erſten Geſicht des Stiers ſteigt ein nackter Mann,
ein Schnitter oder Pflüger auf, deſſen Bild beim Säen, Pflügen, Bauen,

44

bei Teilung von Gütern und geometrischen Künsten Nutzen bringt. Im zweiten Gesicht steigt ein nackter Mann auf, der einen Schlüssel in der Hand hält. Sein Bild bringt Macht, Adel und Herrschaft über die Völker" usw. Abumašar, ein bedeutender arabischer Astrolog des 9. Jahrhunderts berichtet über diese Dekanate: „Die alten Gelehrten

Abb. 38. „Dises Täfelein weiset die oppositionem oder den großen gegensatz der 12 himmlischen Zaichen".
1624.

wollten, wenn sie diese Gestalten unter Angabe eines bestimmten Zustandes derselben erwähnten, keineswegs sagen, daß an der Himmelskugel ihnen ähnliche Gestalten nach Umriß, Aussehen und Körper existieren, so daß jede Gestalt in dieser Beschaffenheit in einem jeden Dekan aufstiege, sondern sie haben herausgefunden, welche besondere Bedeutung jeder Ort der Himmelskugel und jeder Dekan für die Dinge auf dieser Welt hat..." In der Frage der Präzession berichtet er: „Die Gestalten, die die Inder, Perser, Ägypter u. a. in den Dekanen der Tierkreiszeichen aufsteigen lassen, weichen nicht von ihren Plätzen zurück [was sie infolge

45

der Präzession müßten, wenn sie zu den Firsternbildern gehörten], denn sie meinen, daß die Bedeutungen dieser Gestalten und Dinge diesen Dekanen inhärierend eigen und die Namen dieser Gestalten und der Dinge in ihnen nur zum Zwecke der Belehrung da seien." (Zitiert nach Boll „Sphaera".) Wir haben für das ganze Tierkreiszeichen dieselbe Sachlage, wie für dessen Teile. Weder das Dekanat zu 10 Grad, noch das Zeichen zu 30 Grad hat mit der Unregelmäßigkeit der Sterngruppen dahinter etwas zu tun. Sie bauen sich sozusagen auf den Tag- und Nachtgleichenpunkten auf und bezeichnen die Wirkung gewisser Himmelsregionen. So hätten wir also auch in Widder, Stier usw. Namens-Symbole zu sehen, und keine mit dem Auge am Himmel abzutastenden Vexierbilder. Die Unklarheiten über diesen Punkt sind jedoch bei den meisten Autoren recht groß. Selbst Kepler, der in astrologischen Fragen sonst überaus klar dachte, hat das Wesentliche des Unterschieds zwischen Tierkreisbild und -zeichen nicht erfaßt und wußte nichts anzufangen mit der These seines Zeitgenossen, des Arztes und Astrologen Dr. Röslin: „Die Zeichen behalten ihre Qualitäten, obschon die Firsterne sich draus versetzen, und haben ihnen die Firsterne nicht den Namen oder die Qualität zugestellt."

Die 12 Tierkreiszeichen erfuhren seit alters, je nach ihrer Wirkung mancherlei Aufteilungen: in herrschende und gehorchende, in fruchtbare und unfruchtbare, in männliche und weibliche Zeichen, in kardinale, feste und gemeinschaftliche Zeichen — besonders aber in feurige (Widder, Löwe und Schütze: von Natur warm und trocken), irdische (Stier, Jungfrau und Steinbock: trocken und kalt), luftige (Zwillinge, Wage und Wassermann: feucht und warm) und in wäßrige Zeichen (Krebs, Skorpion und Fische: kalt und feucht), wobei jedes Zeichen einer Triplizität seine beiden Genossen derselben Triplizität im Trigon anschaut. In jedem Zeichen hat einer der Planeten sein besonderes Wirkungsbereich. Er ist dort „zu Hause", d. h. er entfaltete dort seine Kraft am wirksamsten und in vollkommenster Weise. Die beiden winterlichen Zeichen Steinbock und Wassermann sind die Häuser des kalten Saturn; als Herr der beiden, diesen zunächst liegenden Zeichen Fische und Schütze folgt der dem Saturn am nächsten stehende Jupiter; in Widder und Skorpion, den anschließenden Zeichen, gebietet der Mars; Stier und Wage folgen als Häuser der Venus, Zwillinge und Jungfrau als die des Merkur. Die beiden sommerlichen Zeichen Krebs und Löwe gelten als Häuser der beiden kräftigsten Gestirne, Mond und Sonne, und zwar gab man dem Mond das wäßrige Zeichen Krebs, der Sonne den feurigen Löwen. Ungeachtet der scheinbaren Willkür einer solchen Zuordnung ist die Affinität der Planeten

46

zu den ihnen in dieser Weise zugesprochenen Zeichen, wie die Erfahrung lehrt, in der Tat sehr groß.

Auf den Planetenkinderdarstellungen finden wir diese Häuser den Planeten stets zur Seite gegeben. Auf Behams Planetenfolge sind sie in den Radscheiben der Planetenwagen untergebracht. Abb. 40 und 41 zeigen uns eine überaus anschauliche Darstellung jener Beziehung des Planeten zu seinem Zeichen. Wer so die Planeten ihre Häuser bewohnen sah, dem vermochte sich die Häuserregel wohl unvergeßlich einzuprägen. Von seinen Häusern abgesehen, steht jeder Planet auch zu den übrigen Tierkreiszeichen in irgendeiner Beziehung, die je nach der Natur von Planet und Zeichen freundlich oder feindlich sein kann. So gibt es für jeden Planeten ein Zeichen, in dem seine „Erhöhung" statt hat, ein Zeichen, in dem er „fällt", ein bzw. zwei Zeichen seiner „Vernichtung" und mehrere Zeichen, in denen er als „fremd" empfunden wurde. Auf diese Weise zählte jeder Planet in jedem Tierkreiszeichen verschiedene Stärken, wie aus Abb. 42 näher zu ersehen ist.

Die Tierkreiszeichen empfingen im Laufe der Zeit durch Tradition manchen Charakterzug des sie bewohnenden Planeten als Kennzeichen des eignen Wesens. So schrieb man dem Widder, dessen Einfluß, wie wir oben aus der Beschreibung der Bilder der in diesem Zeichen aufsteigenden Gesichter erfuhren, Kühnheit, Adel, Unruhe und Streben erweckt, die ähnlich gearteten Eigenschaften des Mars zu. Ebenso fügte man zum Charakter des Stiers, wie er sich aus den Bildern seiner Gesichter ergab, Wesenszüge der

Abb. 39. Tierkreiszeichen für eine Sonnenuhr.
Schule Hans Holbein. 1533.

Abb. 40. Die Planeten Saturn, Jupiter, Mars und Sonne auf ihren „Häusern".

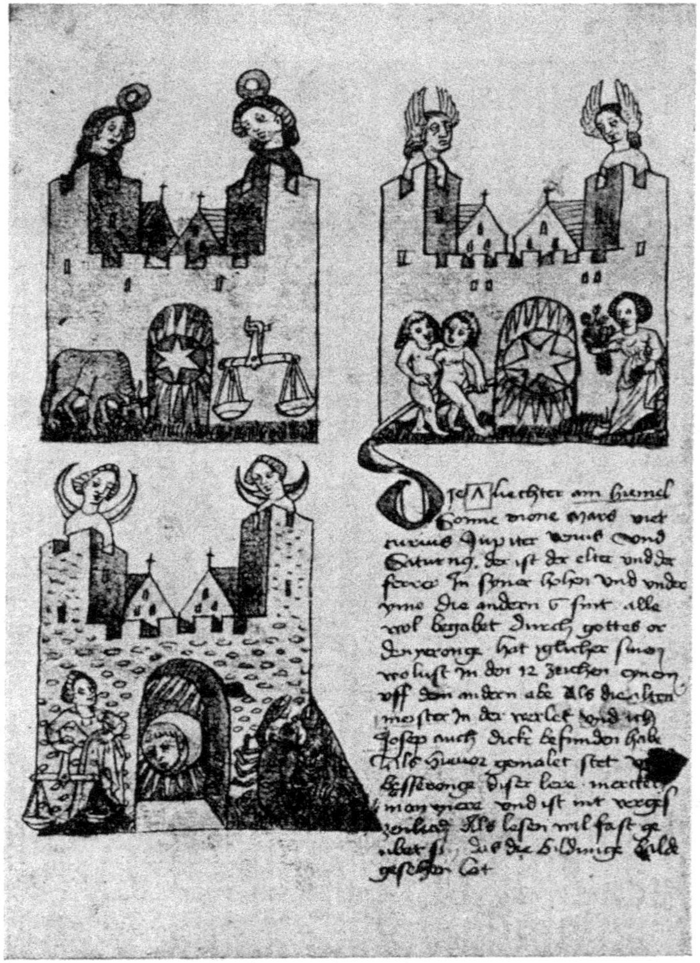

Abb. 41. Die Planeten Venus, Merkur und Mond auf ihren „Häusern".

Tübinger Handschrift um 1400.

48

dieſes Zeichen beherrſchenden Venus. Die Zwillinge wurden in gleicher
Weiſe bereichert um die Gaben Merkurs uſw. Dante, bei deſſen Geburt
die Sonne im Zeichen der Zwillinge ſtand, apoſtrophiert das Zwillings-
geſtirn in dieſem Sinne:

> O edle Sterne, kraftgeſchwängert Bild,
> Dem das, was ich an Geiſt und Witz empfangen
> Sei's wenig oder ſei es viel, entquillt... ⁣⁣⁣⁣⁣⁣⁣⁣⁣⁣⁣⁣⁣⁣ („Paradies" 22.)

Geiſt und Witz, die Gaben Merkurs, werden hier als Gaben ſeines
Hauſes, der Zwillinge empfunden — eine aſtrologiſche Annahme, die
ſich mit der Zeit immer feſter verwurzelte. Dante, der ſich hier in ſeinem
Gedicht dem Sternbild Zwillinge entgegenfliegend denkt, hält es übrigens,
wie die meiſten, für identiſch mit dem aſtrologiſchen Zeichen.

## Die Tafel der zaichen gewelt

| | | Saturnus | Jupiter | Mars | Sunn | Venus | Mercurius | Mon | Tracken haupt | Tracken schwantz |
|---|---|---|---|---|---|---|---|---|---|---|
| ♈ | Wider | 5 | 5 | 8 | 8 | 3 | 2 | 0 | | |
| ♉ | Stier | 3 | 2 | 5 | 0 | 10 | 4 | 8 | | |
| ♊ | Zwilling | 5 | 6 | 3 | 1 | 2 | 10 | 0 | 4 | |
| ♋ | Krebs | 2 | 6 | 5 | 0 | 6 | 3 | 9 | | |
| ♌ | Leo | 6 | 6 | 3 | 8 | 2 | 2 | 0 | | |
| ♍ | Junckfraw | 2 | 2 | 5 | 1 | 6 | 12 | 3 | | |
| ♎ | Wag | 10 | 6 | 2 | 0 | 6 | 5 | 1 | | |
| ♏ | Scorpion | 2 | 2 | 11 | 1 | 6 | 2 | 3 | | |
| ♐ | Schütz | 6 | 10 | 2 | 3 | 2 | 3 | 1 | | 4 |
| ♑ | Stainbock | > | 3 | 10 | 1 | 5 | 2 | 3 | | |
| ♒ | Wasserman | 10 | 5 | 3 | 0 | 3 | 6 | 1 | | |
| ♓ | Viſch | 3 | 8 | 6 | 0 | 9 | 2 | 3 | | |

## Canon der Tafel

❧ Das ſänd die gewelt vnnd trefft der planeten/ Vnnd auch des trackenn
haupt vnd ſchwantz wie vil iettlichs gewalt hat in ainem yetlichen zaichen

Abb. 42. Tafel der Stärken der Planeten in den verſchiedenen Zeichen.
Regiomontan 1512.

Eine deutliche Charakteriſierung der 12 Tierkreiszeichen in ähn-
licher Weiſe, wie wir es bei den Planeten fanden, weiſt die alte volks-
tümliche Aſtrologie übrigens nicht auf. Man begnügte ſich mit der
Zuordnung der Zeichen zu den Elementen, mit der Einteilung in herr-

schende, gehorchende, fruchtbare und unfruchtbare ufw. Zeichen, wie sie
oben erwähnt wurde, und nur in der gelehrten aftrologischen Literatur
überlieferte man weiter die babylonisch-arabische Lehre über die Sym-
bole der Dekanate, ohne aber praktischen Nutzen aus ihr zu ziehen,
wie es zweifellos andere Völker und Zeiten einmal getan hatten. Die
heutige Aftrologie indes verwendet wieder jene Bedeutungswerte —
nicht mehr auf die Dekanate, sondern auf die ganzen Tierkreiszeichen

Abb. 43. Sternbild Pegafus.
1544.

Abb. 44. Sternbild Caffiopeia.
1544.

bezogen — in ihrer Praxis, ohne sich wohl bewußt zu sein, daß die ein-
zelnen Zeichen die Fassung ihrer Eigenart zum großen Teil jenen alten
Beschreibungen der in den Dekanaten auffteigenden Bildern verdanken.
Die Eigenart der Zeichen, so wie wir sie heute kennen, wird freilich auch
begriffen durch die Herausschälung des Symbolgehaltes aus dem
Namen des einzelnen Tierkreiszeichens, wie durch die Feststellung von
Wirkungsverwandtschaften, die zwischen den 12 Zeichen und den 12
gleich zu erwähnenden irdischen Häusern bestehen.

Es muß hier noch einiger Sternbilder außerhalb der Ekliptik gedacht werden, denen als Sternbilder eine gewisse Wirkung zugesprochen
wurde. Diese Wirkungen überlieferte man fleißig, ohne aber auch ihrer in
der aftrologischen Praxis zu gedenken. Wenn die Sternbilder des Tierkreises auf die Erde wirkten, warum sollten die Sternbilder außerhalb
des Tierkreises keine Wirkung haben? Das war wohl der leitende Gedanke. Agrippa meldet von solchen Sternbildern: „Der Pegafus ist
wirksam gegen Pferdekrankheiten (!) und schützt die Reiter im Kriege...
Die Kaffiopeia stellt geschwächte Körper wieder her und stärkt die Glieder.

50

Der Schlangenträger vertreibt alles Giftige und heilt giftige Biſſe. Herkules verleiht den Sieg"... Praktisch bedeutungsvoll sind aber, wie schon gesagt, diese verhältnismäßig jungen Überlieferungen, die sich von spät=antiken Verstirnungen herschreiben, nie gewesen. Sie konnten es nicht sein, weil sie verwechselnden Schlüſſen ihr Dasein verdanken und keine Wirklichkeit, wie bei den Tierkreiszeichen und bei den Gestalten der Dekanate dahinterstand. Auch bei den Tierkreiszeichen

Abb. 45. Sternbild Serpentarius.
1544.

Abb. 46. Sternbild Herkules.
1544.

können wir bisweilen Schlüſſe finden wie: Wer unter dem Skorpion geboren iſt, wird von einem Skorpion geſtochen werden uſw. Solche Schlüſſe sind aber ebenso wie die oben erwähnten auf eine spätere wört= liche Namenausdeutung zurückzuführen und gehören nicht zum ernſten Bestand der astrologischen Lehre.

Die Wirkungsquellen des astrologischen Systems haben wir jetzt kennen gelernt. Aufgabe des Astrologen war es nun, des großen Kräfte= spiels auf irgendeine Weise habhaft zu werden. Die Erfahrung hatte gelehrt, daß die Prägung eines Menschen, wie seine weitere Entwicklung, abhängig war vom Stand der Gestirne im Augenblick der Geburt. Es galt also, den Gestirnſtand des Geburtsaugenblickes eingehender Betrach= tung zu unterziehen. Welche Gestirne waren die herrschenden? Welche die schwach geſtellten? Wie blickten sie ſich untereinander an? Durch die Einzeichnung der Stellungen in ein beſtimmtes Schema (Abb. 47 u. 50) wurde der Stand eines jeden Planeten im Tierkreis, wie in den gleich zu besprechenden irdischen Häusern fixiert. Wichtig vor allem waren Gestirnſtände in der Nähe des Aszendenten (d. h. des bei der Geburt

51

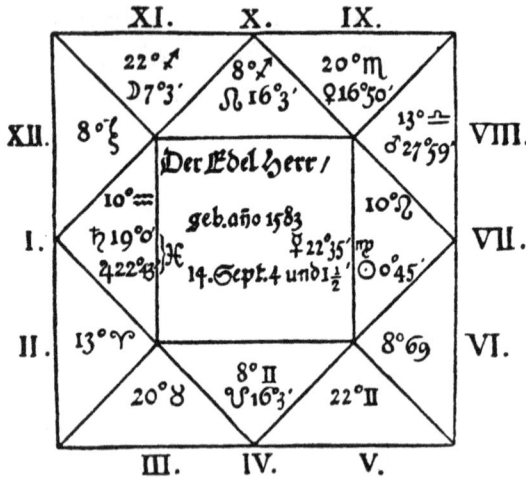

*Horoscopium gestellet durch Ioannem Kepplerum 1608.*

Abb. 47. Wallensteins Horoskop.

gerade aufsteigenden Grades eines Tierkreiszeichens), wie im Zenith. Auch galt es, die Aspekte aller Planeten vor Augen zu haben, ihre freundlichen oder feindlichen gegenseitigen Anblicke (Abb. 48). Denn vor allem der Aspekt, die geometrische Verknüpfung der Lichtstrahlen zweier Planeten hier auf Erden, entlockt, wie sich in späterer Zeit Kepler ausdrückt, den Planeten ihre Wirkungen. Aszendent und Zenith bildeten die Pfeiler für die zwölf irdischen Häuser oder Orte, nicht zu verwechseln mit den „Häusern" der Planeten. Mittels dieser Häuser suchte man zu erschließen, welche Dinge und Angelegenheiten des Lebens von den Planetenkräften vornehmlich berührt wurden. Der Aszendent galt als Beginn des ersten Hauses, das Auskunft gibt über die eigene Person, das eigene Leben (Abb. 49). Es folgen der Reihe nach das 2. Haus des Reichtums, das 3. Haus der Geschwister und kleinen Reisen, das 4. Haus des Vaters und des Grundbesitzes, das 5. Haus der Kinder, das 6. Haus der Krankheit, das 7. Haus der Ehe, das 8. des Todes, das 9. der Religion, das 10. der Würden, das 11. der Freunde und des Glücks und das 12. der Feinde und der Gefangenschaft. Der Merkvers eines Planetenbuches faßt sie zusammen:

```
    1    2      3      4      5
Es lebt reich Bruder Vater Kind
   6       7               8
krank Hausfrau / alle Tods-Gesind;
        9                 10
und wandelt auch mit Herrlichkeit /
     11               12
hat Glück / wo Gefängnis nicht bringt Leid.
```

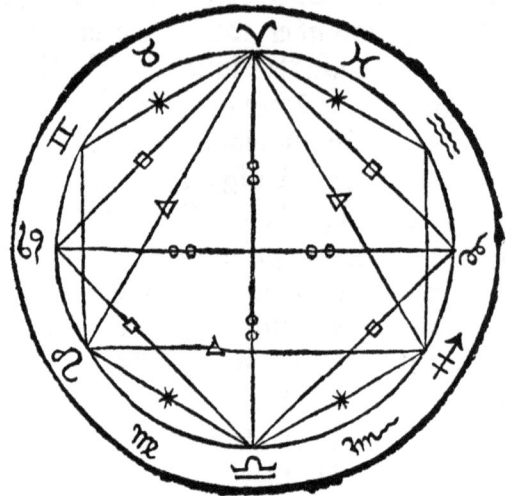

Abb. 48. Aspekte-Schema.
Aus „Andreae Argoli Ephemerides". 1677.

52

Unter den Häusern nahmen den ersten Rang die vier Eckhäuser ein, die durch die Linien Aszendent zu Deszendent und Zenith zu Nadir gegeben waren: Das 1. 4. 7. und 10. Haus. Ursprünglich wurden die 12 irdischen Häuser auf die Ekliptik bezogen und auf ihr regelmäßig abgeteilt, so daß beide in einanderliegende Kreise — der Tierkreis und der Häuserkreis — je 12 Abschnitte zu je 30 Grad aufwiesen. Regiomontanus (1436—1476) oder „Maister Künigsperger", wie er genannt wurde, führte jedoch eine Abteilung der 12 Häuser auf dem Himmelsäquator ein, was, auf die Ekliptik projiziert, Häuser von ungleicher Größe ergab (Modus inaequalis) und womit er eine erhöhte Sicherheit in der astrologischen Berechnung erzielte.

Aus dem nach allen Regeln fertig aufgezeichneten Horoskop begann nun der Astrolog seine ersten Schlüsse zu ziehen: Wie war der Charakter, die Wesensart des Geborenen? Versprach die Nativität ein Leben des Ruhms oder ein Dasein in Niedrigkeit? Näheres erschloß sich allerdings erst durch die Berechnungen des ferneren Planetenlaufes. Hier war es vor allem die Lehre von den Direktionen, von Regiomontanus in höchster Weise vervollkommnet, die manchen Schluß erlaubte und die sich auf den Satz gründete, daß das Verhältnis des Tages zum Jahr, also die Proportion 1:365 im menschlichen Leben wirksam sei. Noch wissen wir nicht, wem zuerst die Tatsache bekannt war, daß der Lauf der Planeten in den Tagen, die der Geburt folgten, bedeutungsvoll ist für die gleiche Anzahl der folgenden Lebensjahre: Daß also der erste Lebenstag nach der Geburt dem ersten Lebensjahr entspricht, der zweite Tag dem zweiten Jahr usf.

Kepler erklärte diese Proportion mit Hilfe des kopernikanischen Weltbildes: „Es will bei mir die Lehre von den Direktionen ein feines Ansehen gewinnen, wenn ich mit Kopernikus die Erde umgehen lasse; denn alsdann findet sich die Proportion Tag zu Jahr gleich 1:365 unserm domicilio, unserer Hütte, Wohnung oder unserem Schiff, darinnen wir in der Welt herumgeführt werden, natürlich eingepflanzt: Und es ist deswegen desto glaubhafter, daß in den Direktionen und Nativitäten der Menschen, welche dieses Schiffes Einwohner sind, diese Proportion auch regieren solle." („Tertius interveniens", These 41.) Die Kenntnis des kopernikanischen Systems brachte den späteren Astrologen manche Hilfe, und es ist interessant, als erste Anhänger des Kopernikus eifrige Astrologen zu finden.

Die Horoskope pflegte man, wie schon erwähnt, für den Augenblick der Geburt eines Menschen oder des Beginns einer Angelegenheit aufzustellen. Das erstmalige In-Erscheinung-treten, war der Punkt,

Abb. 49. Häuser-, Tierkreis- und Planetendarstellung.
Titelholzschnitt von Erhard Schön zum Nativität-Kalender des Leonhard Reymann 1515.

um den es sich handelte. (Und so ging man so weit, selbst zum Zwecke
der Beantwortung von Fragen, die sich auf die Zukunft bezogen, Horoskope für den Augenblick aufzustellen, in welchem die Frage zum ersten
Mal ins Bewußtsein rückte bzw. ausgesprochen wurde.) Manche Autoren
schrieben auch dem Augenblick der Empfängnis eines Menschen eine

Abb. 50. Geburtsstube und Astrolog.
Holzschnitt von Joſt Amman. (?)

gewiſſe Bedeutung für die Entwicklung ſeines Lebens zu, ohne daß die Zu-
hilfenahme dieſes Augenblicks — der ſich mittels der „Trutina Hermetis“,
einer aus Ägypten übermittelten Regel, erſchließen ließ — ſich jedoch in
der Praxis einbürgerte. „Und merket aber hierbei“, ſagt Paracelſus, „daß
in der Stunde der Empfängnis den Geiſtern ſolcher Gewalt nicht iſt,
als in der Stund, in der das Kind aus Mutterleib geboren wird.“
Erſt in dieſem Augenblick war dem Himmel Macht über das neue
Einzelweſen gegeben; nun erſt ſenkte er all die Gaben, die er gerade zu

55

vergeben hatte, als Samen in die junge Seele. „Denn erſtlich mag ich mich dieſer Experienz mit Wahrheit rühmen, daß der Menſch in der erſten Entzündung ſeines Lebens, wenn er nun für ſich ſelbſt lebt, und nicht mehr im Mutterleib bleiben kann, einen Charakter und eine Abbildung empfange, aller himmliſchen Konſtellationen oder Strahlgebilden, die [im Augenblick] auf der Erde zuſammenſtrömen, und denſelben bis in ſein Grab hinein behalte: Der ſich hernach in Formierung des Angeſichts und der übrigen Leibesgeſtalt, ſowohl als in des Menſchen Handel und Wandel, Sitten und Gebärden, merklich ſpüren laſſe." Soweit Kepler („Tertius interveniens" Th. 65), der in der Frage, was denn nun von der Wirkung des Himmels zu erſehen ſei, weiſe ſich beſchränkt auf die Erkenntnis jener geprägten Form, die lebend ſich entwickelt. Die wenigſten Aſtrologen fühlten hier eine Grenze ihrer Kunſt und, indem ſie ſich immer wieder um die gewiſſe Feſtlegung zukünftiger Ereigniſſe be= mühten, machten ſie die Aſtrologie zu jenem haltloſen Zwittergebilde von Wahrheit und Trug.

Die gar ſo oft zutage tretenden offenſichtlichen Fehlſchlüſſe pflegte man ſchon ſeit Ptolemäus mit mancherlei Gründen zu entſchuldigen: mit dem Einfluß der Vererbung, Erziehung, Umgebung, mit der Ver= ſchiedenheit der Weltgegenden, mit der Tatſache, daß die Geſtirnſtellungen, ſolange Menſchen leben, niemals ſich in ganz gleicher Weiſe wiederholen, eine exakte Erfahrung alſo nicht möglich ſei uſw. Auch war es ja nicht unmöglich, daß der Aſtrolog ſelbſt ein Stümper in ſeiner Kunſt war, wie denn der aſtrologiekundige Melanchthon gegenüber Luther bekannte, die Kunſt ſei wohl da, aber es gäbe keine Meiſter, die ſie recht könnten und verſtünden. Dann aber wieder war eine ſolche Anzahl offenbarer Erfolge zu verzeichnen, die alle Zweifel an der „Aſtrologia judiciaria", der Wahrſage=Aſtrologie, verſtummen laſſen mußten. Bekannt iſt, daß Pico della Mirandola trotz ſeiner Gegnerſchaft zur Aſtrologie genau an dem Tag, ja zu der Stunde ſtarb, die ihm von den Aſtrologen angegeben worden war. Solche Treffer kräftigten den Ruhm der Aſtrologie als der vollkommenſten aller Wahrſagekünſte ſtets aufs neue. „Inſofern nämlich die Himmelskörper die Urſachen und Zeichen von allem ſind, was in unſerer Welt iſt und geſchieht, offenbart uns die aſtrologiſche Divination bloß aus der Stellung und Bewegung der Himmelskörper aufs zuverläſſigſte alles Verborgene und Zukünftige..." Das iſt die Meinung Agrippas. War es bei dieſer ſehr allgemein herrſchenden Mei= nung ein Wunder, wenn man es nicht zu verſäumen glauben durfte, die Auskunft über das zukünftige Geſchick eines jungen Erdenbürgers ſo gründlich als möglich einzuholen? So gelangte der Aſtrolog gerade=

wegs in das Geburtszimmer (Abb. 50 und 51), oft ebenso unentbehrlich, wie all die helfenden Frauen zum Personal einer Wochenstube gehörig. Kam nun der Augenblick, in dem das Kind mit dem ersten Schrei sein Erdenleben begann, so galt es für den Astrologen, die vorhandenen Planetenstände, das gerade im Osten aufsteigende Zeichen des Tierkreises, wie auch den gerade am Ort der Geburt kulminierenden Teil des Tierkreises so genau wie möglich zu bestimmen, um auf diesen Grundlagen später das vollständige Horoskop aufbauen und ausarbeiten zu

Abb. 51. Geburtsstube mit Astrolog.
Aus einem Planetenbuch von 1596.

können. In gewandter und spielerischer Weise bedichten mittelalterliche Vagantenlieder, die „Carmina burana" den bedeutungsvollen Himmel der Geburtsstunde:

„Als Merkur und Jupiter
Sich im Zwilling grüßten,
Mars zugleich und Venus sich
In der Wage küßten,
Kam Cäcilchen auf die Welt —
Stier war in der Rüsten.
Ganz dieselbe Conjunctur
Hat sich mir gefunden,
So bin ich ihr zugesellt
Von der Gunst der Stunden
Und durch meine Sterne schon
Meinem Stern verbunden. . . ."

Es wurde schon erwähnt, daß eine wirkliche Schicksalsprognose allerdings noch nicht aus der Betrachtung einzig und allein des Planetenstandes bei der Geburt erfolgen konnte, sondern erst durch folgende langwierige Berechnungen, die dem ferneren Planetenlauf galten. Das mindeste, was man von einer solchen Prognose alsdann erwartete, war die Voraussagung der Tage schwerer Ereignisse, und der Tage des Glücks und der Erfolge. Die ersten galt es zu mildern, wenn nicht zu vermeiden, die Tage des Glücks aber wollten genutzt sein, wenn man die Freuden erlangen wollte, die das Horoskop versprach. „Durch meine Kunst hab ich erforscht, daß ein günstiger Stern in meinem Zenith steht; benutz ich seinen Einfluß nicht, sondern lasse ihn entschlüpfen, so ist mein Glück nachher auf ewig untergegangen." So spricht Prospero in Shakespeares „Sturm". Gerade deshalb war ja ein vollständig ausgearbeitetes Horoskop von solch hohem Wert, weil es dem Horoskop-Eigner die Möglichkeit bot, sich der Sternkräfte zu versichern, solange die Gestirne sich glücklich stellten; weil es ihm ferner die Augenblicke unglücklichen Sternenstandes anzeigte, unter denen es nicht ratsam war, Dinge neu zu beginnen oder Angelegenheiten zu erledigen. Als Typ eines Menschen, der mit größter Sorgfalt derartige Regeln beobachtete und während des ungünstigen Standes seiner Sterne unter keinen Umständen zum Handeln zu bewegen war, steht Wallenstein vor uns. In ihm haben wir einen unbedingten Anhänger der „Astrologia judiciaria"; hielt er sich doch in Zenno oder Seni einen Astrologen einzig für seine Bedürfnisse, um stets so eingehend und ausführlich wie möglich über kommende Ereignisse unterrichtet zu sein.

Johannes Kepler hat sich in seinen beiden Horoskopen, die er für Wallenstein aufstellen mußte, große Mühe gegeben, dessen Zukunftssucht auf ein vernünftiges Maß zurückzuführen, freilich ohne Erfolg. Kepler selbst hatte mit tiefer Klarheit erfaßt, worum allein es sich bei der astrologischen Voraussagung handeln konnte: Generalia waren es, die der Astrolog, wenn er Einsicht und Verstand besaß, mit Glück vorher anzeigen konnte, aber niemals Specialia. Wohl sei bei planetaren Konstellationen also auf die möglichen, typischen Aus-

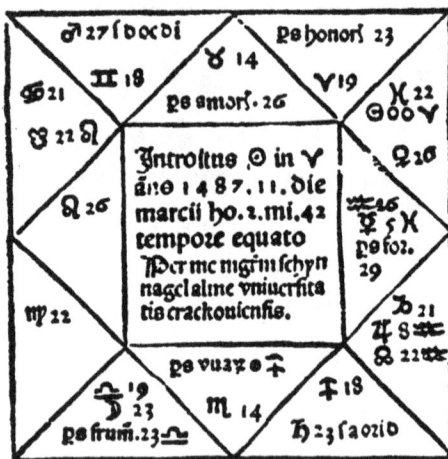

Abb. 52. Horoskop des Sonneneintritts ins Zeichen Widder.
1487.

wirkungen zu schließen, nie aber auf die von Fall zu Fall besondere Aus=
gestaltung im Ereignis. So klar waren sich auch die bedeutenderen Vor=
gänger Keplers nicht geworden. Selbst so mancher, der zu einer an=
sprechenden philosophischen Einstellung in der Frage der Voraussagung
gelangt war, pflegte dennoch kritiklos sich des gesamten Handwerkszeugs
der „Astrologia judiciaria" zu bedienen.

Abb. 53. Titelbild einer Praktik, die unheilvolle Wirkung
Saturns, als Herr des Jahres, veranschaulichend.
1492.

Waren selbst bei den Klügeren, ja bei den Philosophen die Begriffe
über Grenzen und Möglichkeiten der astrologischen Kunst höchst ver=
schwommen, was Wunder, daß das breite Publikum in dieser Sache
vollends keine Urteilsfähigkeit aufbrachte. Es hatte seine Wünsche
und großen Nöte — Kriege, Seuchen, Mißernten fuhren, von drohenden
Zeichen des Himmels begleitet, immer wieder über das Volk dahin,
die wie auch immer gearteten Einzelschicksale mit sich reißend. Konnte
der Astrolog die Zukunft voraussagen, so war viel an möglichst genauer

**Judicium cum tractatu Magistri wenceslai De Budweis**

Venus domina anni Mars particeps

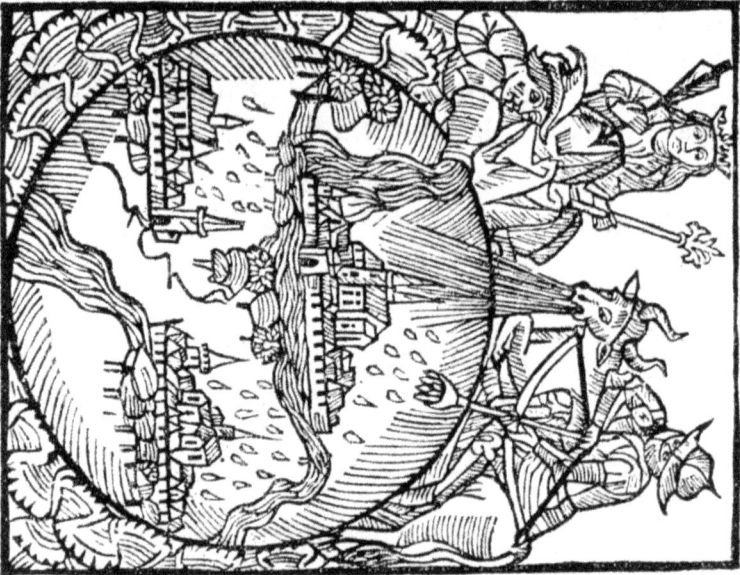

Abb. 54. Praktitentitel.
Venus und Mars, als Herrscher des Jahres zueinander im
Quadrat stehend, zeigen Unheil an. 1496 (?).

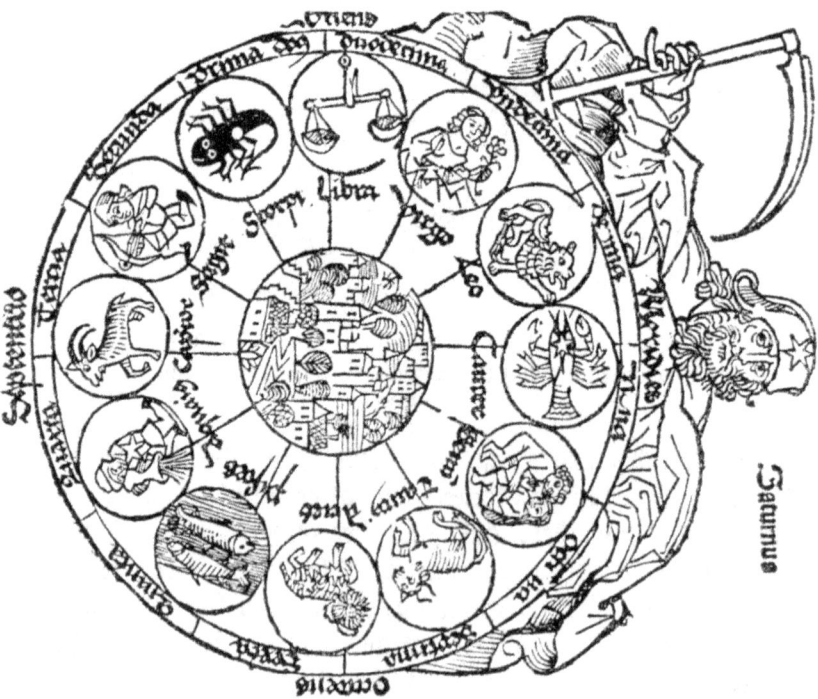

Saturnus

Abb. 55. Praktiken-Titelbild.
Saturn, als Herrscher des Jahres, umfaßt Tierkreis und Erde. 1499 (?).

Voraussage gelegen: Vielleicht glückte es, Gefahren abzuwenden; jedenfalls aber konnte man vorsorgen oder gar einigen Vorteil davontragen.

Schon lange vor der Erfindung des Buchdrucks hatten sich astrologische Regeln, vornehmlich Gesundheits- und Wetterregeln, durch Traktate gefördert, bis in die untersten Volksschichten verbreitet. Der Buchdruck öffnete alsdann die weiteren Wege, und es zeugt von großem Interesse des Publikums, daß Schriften astrologischen Inhalts zu den ersten Erzeugnissen der neuen Kunst gehörten. Es begann mit dem Buchdruck die Blütezeit der Praktiken und Prognostiken. Gestützt auf die Lehren der „Alten Meister" — Pythagoras, Plato, Aristoteles, Ptolemäus, Abumasar, Alfraganus, Alcabitius, Hali und später auch Königsberger werden am häufigsten angeführt — galt es Jahr für Jahr aufs neue, die zu erwartende Witterung und der Welt zukünftigen Lauf und ihre Schicksale näher zu bestimmen. Gleichzeitig wurden die nach und nach zum ständigen Besitz gewordenen allgemeinen Regeln über die vier Komplexionen, den Aderlaß, die monatlichen Verrichtungen u. a. stets weiter überliefert. Der Praktikenleser wurde belehrt über die Finsternisse des Jahres und ihre Folgen, über seltsame Konstellationen und vermutlich daraus folgende Ereignisse, über die Bedeutung von Kometen u. a. m. „Es sagt Albumasar: Wenn eine Finsternis im

Abb. 56. Praktiken-Titel.
Prophezeiung eines nassen Jahres. 1499.

Krebs geschicht, so werden allerley Früchte näße halben schaden leiden, inmaßen dann auch die Früchte der Bäume schwerlich ohn fäule und schaden bleiben. Doch kan alles durch der Gläubigen Gebet geheiliget und gesegnet werden. Es hat aber doch ein jeder sich vorzusehen und diese warnung, so auß der Natur genommen, nicht zu verachten." (Aus einem „Prognosticon astrologicum" 1592.) Ebenso war ein nasses, feuchtes Jahr, ja ein Überschwemmungsjahr zu erwarten, wenn seltene und bedeutende Aspekte in den wäßrigen Zeichen Krebs, Skorpion und Fische stattfanden, oder Kometen dort sich zeigten, während es zweifellos ein dürres, heißes Jahr — in schlimmeren Fällen ein Kriegsjahr — ankündigte, wenn derartige Aspekte, Finsternisse oder

Kometenerscheinungen in die feurigen Zeichen Widder, Löwe oder Schütze
fielen. Da das einzelne Jahr außerdem unter der vornehmlichen Regent=
schaft eines oder zweier Planeten stand, war auch durch den Charakter
des jeweiligen Jahresregenten bereits ein Anhaltspunkt für den Ge=
samtcharakter des Jahres gegeben.

Abb. 57. Titelbild der „Praktica deutsch, Meister Hansen Virdung von Haßfurt" 1523.
Die Stellung der Planeten Saturn, Jupiter, Mars, sowie eine Mondfinsternis für den März anzeigend.

Wie aus den Finsternissen, Aspekten und Regenten des Jahres
versuchte der Praktikenschreiber die kommende Witterung endlich auch
aus der Jahres=Revolution zu erschließen. Zwar ließ sich darüber streiten,
ob dem Jahr ein Anfang, ein Geburtsmoment, auf den das Horoskop
eindeutig gestellt werden konnte, zuzuerkennen sei. „Ein Mensch wird
zumal mit Haut und Haar in einem Augenblick geboren: das Jahr
aber ist nicht ein solches ganzes Wesen, sondern wann der Lenz angehet,
so ist der Sommer noch nicht da, und so der kommt, so ist der Lenz schon

62

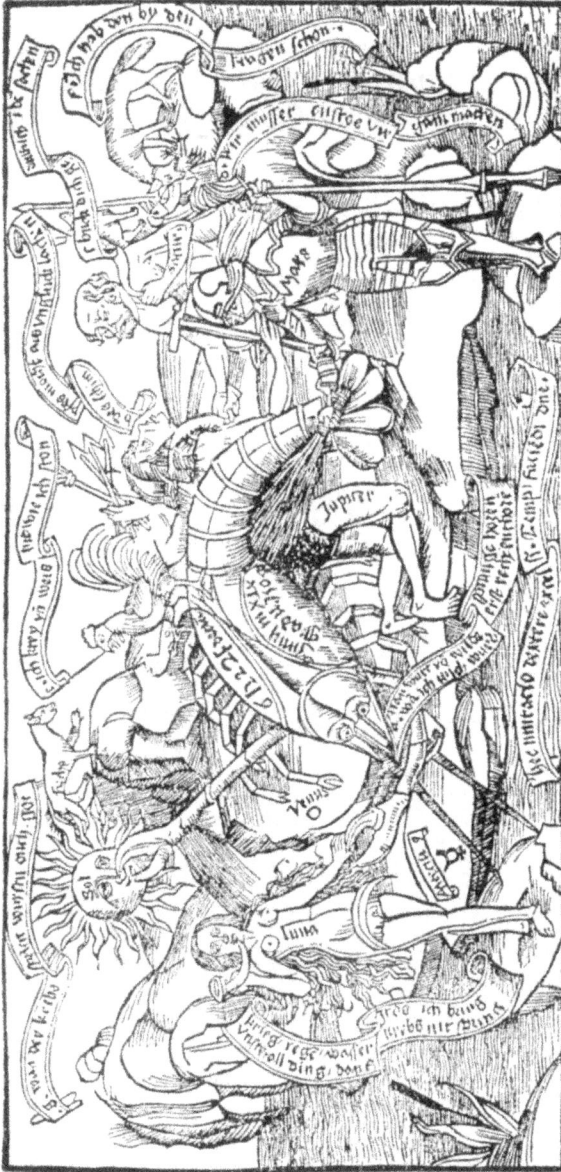

Abb. 58. Aſtrologiſches Flugblatt des Sebaſtian Brant.
1504.

vergangen", iſt Keplers Anſicht. Dennoch pflegte man lange Zeiten hindurch im Frühlings-Tag- und Nachtgleichenpunkt, d. h. im Augenblick des Eintritts der Sonne in das Zeichen Widder eine ſolche Geburtsſtunde der Jahreszeiten zu ſehen, und die Schlüſſe über den Jahresablauf auf ſie aufzubauen (Abb. 52).

Sorgte man sich bei den Betrachtungen über die Witterung und ihre Folgen wenig über die Grenzen des eigenen Landes hinaus, so war eine andere Lage gegeben, sobald zu erwartende Kriege und Welthändel in Frage standen. Hier spielte die astrologische Geographie — auch sie

# Judicium Astrono-
## micum cōiunctionis minoris Satur-
ni & Iouis super decimo gra. Piscium, cōtinuatiua triplicitatis aquee et super coniunctiōibus alijs. xv. in eodē signo aggre gatis In celebri studio Crac. per Magistrum Ni colaum de Shadek editum.

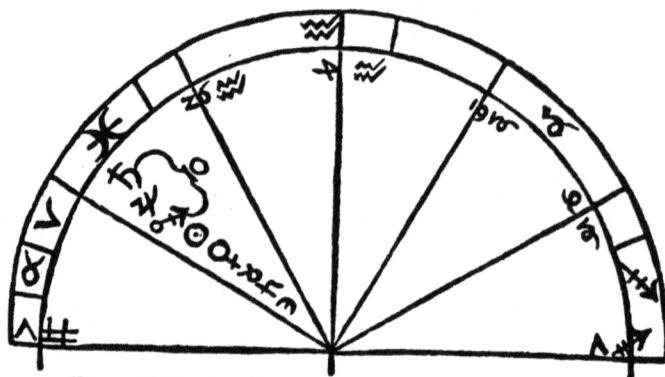

Figura & ascendens Anni. 1523. astronomici in cuius quar ta hiemali anno saluatoris nati. 1524. omniū planetarum fa ctus est conuētus sub signo Piscium, signo vndecime domus coeli. Prima etiam & precipua coniunctio inter illas in minu to sui cōgressus, p orizonte nostro. idem obtinuit ascēdens

Abb. 59. Schematische Darstellung der „Großen Konjunktion" 1524.

in ihren Grundzügen überliefert als antike Lehre — ihre wichtigste Rolle. Länder, wie Länderteile, ja Städte waren durch eine angebliche Erfahrung oder durch allerlei Schlüsse unter die verschiedenen Zeichen des Tierkreises aufgeteilt worden. So war die Grundlage für eine politische Astrologie gegeben. Angekündigte Ereignisse konnten sich, wie man glaubte, notwendigerweise nur in den Ländern abspielen, die den Zeichen, in welchen gerade himmlische Konstellationen wirksam waren, unterstanden. Was in den Fischen sich anzeigte, mußte zum Ereignis werden in den Landgebieten, die dem Meere nahe lagen und in den Hauptstädten an großen Flüssen. Was im Löwen sich zutrug, betraf die Länder, die etwa einen Löwen im Wappen führten, wie z. B. Böhmen. Die Gleichsetzung, Sonne = Kaiser, Mond = Papst oder umgekehrt, je nach der politischen Stellung des einzelnen, auch Jupiter = Papst,

Abb. 60. Praktiken=Titelbild,
die gefürchtete „Große Konjunktion" in den Fischen 1524 betreffend, von der man eine
Sündflut erwartete.

tat ein übriges zur Differenzierung der Aussagen. Daß der Mond auch das ganze türkische Reich bedeuten konnte, das den Halbmond auf seiner Fahne trug, war eine weitere Konsequenz. Das Durcheinander von Un= wert und Wert ist gerade in diesem Zweig der Astrologie ungeheuer. Es kam noch dazu, daß auch der rechnerische Teil der Prognostiken von großer Unzuverlässigkeit war. In der Berechnung einfacher Finsternisse

liefen ganz bedeutende Fehler unter, und auch die genauen Planetenstände wollten sich vor Kopernikus und Kepler nur mit den größten
Mühen fassen lassen. Man nahm jedoch in der populären Astrologie
nicht alles so sehr genau, ebenso wie man sich auch kein Gewissen daraus

Abb. 61. Titelbild zu Georg Tannstetter
„Libellus consolatorius", Wien 1523. — Beruhigungs-Darstellung
der großen Planetenkonjunktion in den Fischen.

machte, mit Deutungen umzuspringen, wie man es gerade für gut fand.
Bekannt ist die Tatsache, daß ein italienischer Astrolog und manch deut-
scher Astrolog in seinem Gefolge, das Geburtsdatum Luthers eigen-
mächtig vom 10. November 1483 auf den 22. Oktober 1484 verschob,
weil die Konstellationen dieses Jahres und Augenblicks besser zur Geburt eines falschen Propheten passen wollten. Es lag dem zweifellos
kein Wille zum Betrug zugrunde, vielmehr der Glaube an eine alte,
auf das Jahr 1484 zielende Prophezeiung, die sich auf die in diesem
Jahre stattfindende „Große Konjunktion" Jupiters und Saturns bezog: Es war eine weitverbreitete Überzeugung, daß alle Religions-
entstehungen, wie Religionsveränderungen in Konjunktionen des die
Religion beherrschenden Jupiter mit andern Planeten zu suchen seien.
So sei einst bei einer Konjunktion Jupiters mit Saturn die chaldäische

66

Abb. 62. Praktiken-Titelbild auf die „Große Konjunktion" im Zeichen der Fische. 1524.
Aus „Practica deutsch Meister Hansen Virdung von Haßfurt vff das Erschröcklich jare MCCCCC
vnd XXIIIJ . . ."

Religion entstanden, aus einer Konjunktion Jupiters mit der Sonne
die ägyptische, aus seiner Verbindung mit Venus die mohammedanische,
mit Merkur schließlich die christliche. Eine Verbindung Jupiters mit
Saturn glaubte man von Unglück für die bestehende christliche Religion
begleitet. Es konnte also die große Konjunktion dieser beiden Planeten
im Jahre 1484, die im verderblichen Zeichen des Skorpions stattfand,
für diese Religion keineswegs etwas Gutes bedeuten. So war es nahe=

Abb. 63. Die unheildrohende Planetenkonjunktion in
den Fischen 1524.
Sterndämonen durchschwirren die Luft. Aus einer Prognostik des Virdung von Haßfurt. 1521.

Abb. 64. Die Planeten Saturn und Venus als
Herren des unheilvollen Jahres 1524,
Dämonen zu Häuptern. (Venus als babylonische Hure.)
Aus einer Prognostik des Virdung von Haßfurt. 1521.

68

liegend für die Feinde
Luthers, seine Geburt mit dieser allgemein als unheilvoll
empfundenen Konjunktion in
Zusammenhang zu bringen.

Die Lehre von den Kon-
junktionen spielte auch sonst
im Rahmen der mittelalterlichen Astrologie ihre eigene,
höchst bemerkenswerte Rolle.
Da die beiden sog. oberen
Planeten Saturn und Ju-
piter infolge ihres langsamen
Laufes nur selten zusammen-
kommen, in ein und dem-
selben Zeichen sogar nur ca.
alle 960 Jahre, hat man von
alters her dieser Konstellation
eine besondere Wirkung auf
Allgemeinheit und Natur zugesprochen. Die Araber hatten
die Bedeutung dieser Kon-
junktionen vor allem betont.
Man pflegte das Schlimmste von
ihnen zu erwarten. Da die Wirkung solcher „Großen Konjunktionen" sich nach den Lehren auf
Jahre erstreckte, hatte das Unglück
Zeit genug, sich auf alle erdenk-
liche Weise zu realisieren. Was
man auf das Jahr 1484 außer der
Geburt eines antichristlichen Propheten noch zurückführte, zeigt
das Syphilisblatt des Arztes
Ulsenius (Abb. 80): Die Zusammenkunft aller Planeten —
ausgenommen des Mars — im
Marszeichen Skorpion, hatte
wohl als Ursache für die Entstehung und in der Tat rasche

Verbreitung der Franzosenkrankheit zu gelten. (Vergleiche die Zuordnung des Geschlechtskomplexes zum Skorpion in der astrologischen Medizin.)

Keine Planetenkonjunktion aber verursachte in der ganzen zivilisierten Welt ein solches Aufsehen und eine solche Aufregung wie die des Jahres 1524. Eine Prophezeiung, die damals im Schwange war, lautete: „Wer im 1523. Jahr nicht stirbt, / 1524 nicht im Wasser verdirbt, / und 1525 nicht wird erschlagen, / der mag wohl von Wundern sagen." Vor allem galt 1524 als Schreckensjahr. Die Unheilverkündigung ging von dem deutschen Astronomen und Professor der Mathematik Johannes Stöffler aus. Er kündete in einem Ephemeridenwerk aus dem Jahre 1499 eine allgemeine Sündflut für den Februar 1524 an, infolge der Konjunktion fast aller Planeten im Zeichen der Fische. Da in diesem Wasserzeichen 20 Konjunktionen stattfinden würden, war man auf großes Unheil gefaßt. Ein allgemeiner Schrecken befiel die Völker. Am Hofe Kaiser Karls des Fünften wurde erwogen, ob man die Heere auf Berge zu-

Abb. 65. Titelbild einer Praktik von Brotbeyhel. 1529.
Die Jahres-Regenten Venus, Mars und Merkur. Darunter eine Mondfinsternis im Stier.

rückziehen sollte, und ob dort Magazine anzulegen seien. Privatleute zogen sich in den verschiedensten Ländern in der Tat auf höher gelegene Orte zurück, Schiffe, ja Archen wurden gebaut. Besitztum verkauft u. a. m. Zwar hatte der italienische Philosoph und Astrolog Niphus 1517 eine Gegenschrift veröffentlicht, die gegen die Stöfflersche Prophezeiung gerichtet, die besorgte Bevölkerung beruhigen sollte. Diese Schrift erregte in den Kreisen der Stöffler-Anhänger Unwillen, die ihrerseits wieder die zu erwartende Katastrophe in den schwärzesten Farben malten. Es war ein gewaltiger Federkampf für und wider, der sich im engern nur um das Eintreffen oder nicht Eintreffen einer Sündflut drehte[1]. Denn auch

---

[1] Hellmann, „Beiträge zur Geschichte der Meteorologie", behandelt das Thema ausführlich.

die Sündflutgegner waren sich darin einig, daß die Konjunktion von Schrecknissen oder wenigstens von Überschwemmungen begleitet sein würde. Jedoch hofften sie, daß Gottes Güte das äußerste Unheil abwende.

Abb. 66. Titelbild einer Praktik von Brotbeyhel. 1533. Der Kinderfresser Saturn und Mars. In der Mitte eine Mondfinsternis im Wassermann.

Die Unruhe steigerte sich von Jahr zu Jahr. 1523 erscheinen 51 verschiedene Prognostiken über die Sündflut, und zu Anfang des Jahres 1524 noch weitere 16 Schriften, die sich alle auf den unheilvollen Februar beziehen. Noch einmal greift der alte Stöffler ein, angeregt durch das beruhigende Buch Georg Tannstetters, des „Libellus Consolatorius", das 1523 erschienen war (Abb. 61). Stöffler weist dem Tannstetter in dessen Berechnungen früherer Planetenkonjunktionen Fehler nach und besteht auf seiner Unheilsprognose.

Endlich begann das gefürchtete Jahr 1524. Der Februar kam — und nichts Auffälliges ereignete sich. Zwar soll das Jahr, wie Melanchthon in seiner Vorrede zur Tetrabiblos-Übersetzung berichtet, von großer Nässe gewesen sein. Andere Autoren — die nebenbei ja nur den kleinen europäischen Ausschnitt zu überblicken vermochten — bringen nichts darüber. Man half sich damit, den 1525 ausbrechenden Bauernkrieg den gefürchteten Konjunktionen zuzuschreiben und versuchte damit, die Ehre der Astrologie zu retten. Es hätte dessen nicht bedurft; zu fest war der Glaube an die Macht und Bedeutung der Gestirne, als daß er durch diese Niederlage der astrologischen Prophezeiung zu erschüttern gewesen wäre. Als die so bänglich erwartete Sündflut nicht eintraf, war man um erleichterte Ausflüchte, warum sie habe gar nicht kommen können, jedenfalls nicht verlegen. Man besann sich wieder darauf, daß dem Noah von Gott versprochen worden war, es solle keine neue Sündflut mehr über die Menschen kommen, was allerdings die arabischen Meister, von denen die Unheilslehre der Konjunktionen stammte, nicht hätten wissen können usw.

70

Der Glaube an die zuverlässige Voraussagung solcher Katastrophen erhielt sich jedenfalls noch lange Zeit. Hundert Jahre später lesen wir in der „Wochentlichen Ordinari Zeitung" München, Nr. 8 vom Jahre

## Practica Teütsch auff das

### M. D. XXXV. Jar. durch den

hochgelerten Theophrastum Paracelsum / Der freyen künste der Artzney vnnd Astronomey / Doctor / dem gemainen menschen zü nutz gepracticiert / vnd außgangen.
Mars.　　　　　　　　Venns.

Abb. 67. Titel einer Praktik des Paracelsus. 1535.

1629: „Practica / so Jhr Bäbstl. Heyl. auß Rohm / vnd von dannen Jhr Kays. May. vberschickt worden / Anno 1629. Wann die Sonn im Zeichen der Waag ist / wird ein zusammenkunfft aller Planeten bey dem Drackenschwantz werden / darauß zuerkennen / daß Männigklich wunderlich Ding zugewarten habe: Erstlich wirdt das Meer wider seinen natürlichen Lauff sich erheben vnd bewegen / vnd wird grosse Verwirrung werden / dann die Windt werden von allen Seyten wähen / darnach

wird ein grosser Erdbiden volgen / darauff werden vil Menschen ver=
zagen / vnd mit grossem schröcken vberfallen werden / die Baum in Wäl=
den werden sich vil von jhren Stätten und Gründten erheben / deßgleichen
werden vil Stätt vnd Märckt einfallen / sonderlich die im Heyligthumb
erbaut seynd / aber vor disem wird ein grosse Finsternuß an der Sonn
vnnd Monn werden / dann die Sonn wird Vormittag wie ein bluetiger

Abb. 68. Titelbild einer Prognostik des Viktor Schönfelt 1563,
die mögliche Auswirkung dreier Finsternisse andeutend.

Regenbogen stehn / darnach werden volgen Krieg und Erdbiden in allen
Landten von auff vnd nidergang / zu diser Zeit wird ein grosser Herr
vnnd Verwalter mit Todt abgehn / auch werden vil Leuth sterben /
vnd dise Erdbiden werden sich erregen im Monat Septembris nach
S. Lorentzentag.

Rath der Sternkündiger. Wir Ew. Königl. May. vnsers
allergnädigsten Herrn Diener vnd Sternkündiger geben demselben ein
solchen Rath / daß / wann / sich solche Wunder Gottes begeben / Sie wollen
allen Geschlechtern lassen anzaigen / daß sie sich zu wahrer Bueß bekehren;
Ihr May. wöllen sich vmb ein Orth umbsehen / welches mit Bergen

Abb. 69. Praktiken-Titelbild 1581,
auf einen Kampf gegen die Türken anspielend.

Abb. 70. Praktiken-Titelbild 1596.
„Vor himelzeichens deuttungen sollt ihr euch gar nichts
besorgen."

omgeben ist / vnd alda einen Wall einnemmen / vnd mit Erden be=
schitten laffen / darinn sich Jhr May. auffhalten künden 20 Tag / dann
solche Weiffagung vergleicht sich mit aller Gelehrten Practic" (E. Buchner).

Mittnacht

Abb. 71. Titelbild einer Kometenschrift Joh. Schöners.
1531.

Noch eine Himmelserscheinung gab es, die ebenso wie die Großen
Konjunktionen, jedesmal äußersten Schrecken hervorzurufen pflegte:
Die Kometen. "Acht Hauptstuck seyn, die ein Comet / Bedeut, wann

Abb. 72. Titelbild einer Kometenschrift Mathias Brotbeyhels.
1532.

Er am Himmel steht: / Wind, Thewrung, Pest, Krieg, Waffersnoth /
Erdbidem, Endrung, Herren Tod." heißt es in einem Kometenvers,
oder auch: "Kein Comet ist je gesehen / Drauff nicht böses ist geschehen!"

74

Zwar suchte man auch hier durch Beten und gute Werke, ja durch Litaneien lesen und Glockenläuten das drohende Verhängnis zu bannen. Dennoch lehrte die Erfahrung, daß durch die Erscheinung eines Kometen oder „Strobelsterns" in der Folge stets in irgendeiner Weise die Ordnung der Natur und Menschenwelt erschüttert wurde. Selbst Johannes Kepler

Abb. 73. Titelbild einer Kometenschrift von Nikolaus Prucner.
1532.

mag eine offenbare Wirkung der Kometen nicht in Abrede stellen: „Anno 1558 ist Karl V. bald auf den Kometen gestorben, in England ist durch den Tod der Königin Maria die Religion verändert worden.... Anno 1578 auf den Cometen 1577 ist die große Niederlage der Portugiesen und Christen in Afrika geschehen.... Nach dem Cometen 1582 ist der Kölnische Krieg entstanden und auf Pfalzgraf Ludwigs Tod die Religion in der Pfalz verändert worden. Anno 1586, nach dem Cometen des 1585, starb König Stefan in Polen, und ein Krieg erfolgt zwischen

Abb. 74. Sonnenfinsternis im Löwen.
1487.

Abb. 75. Mondfinsternis in der Wage.
1494.

Polen und Österreich... Anno 1596 nach dem Cometen geschah der Christen Niederlag vor Erlau und erhob sich allgemach der schwedische Krieg... So mangelt keinem Cometen an Nachdruck innerhalb Jahresfrist" (Urteil über Sutorius).

Endlich muß bei Aufzählung der himmlischen Unheilbringer noch der Verfinsterungen von Sonne und Mond gedacht werden, die, zumal wenn sie als totale Finsternisse auftraten und gar von Kometen begleitet waren, das Schlimmste für die Zukunft befürchten ließen. Wieder war durch den Ort der Finsternis im Tierkreis näher zu bestimmen, wohin auf Erden das Unheil zielte. Östlich fallende Finsternisse schadeten

Abb. 76. Finsternisse der Jahre 1616 und 1617, Krieg, Tod und Wassersnot nach sich ziehend.

zudem vornehmlich den Jünglingen eines Landes, Finsternisse in Himmels Mitte den Königen und reifen Männern, Finsternisse, die im Westen geschahen, trafen das Alter.

Doch nicht nur Furcht und Schrecken waren die Geschenke der Astrologie an die breiteren Kreise des Volkes. Es gab Gebiete, auf welchen wenigstens die Möglichkeit bestand, astrologische Kenntnisse nützlich und zum Guten zu verwenden, z. B. das der astrologischen Medizin. Den menschlichen Körper betrachtete der Jatro-Astrolog gleichsam als aufgerollten Tierkreis, dessen 12 Teile den Regionen des Leibes, vom Kopf angefangen bis zu den Füßen entsprachen. Auch Wirkungsbereiche der sieben Planeten waren festgestellt (Abb. 77): so lehrte man die Wirkung der Sonne auf das belebende Herz, auf die „Sonne des Kör-

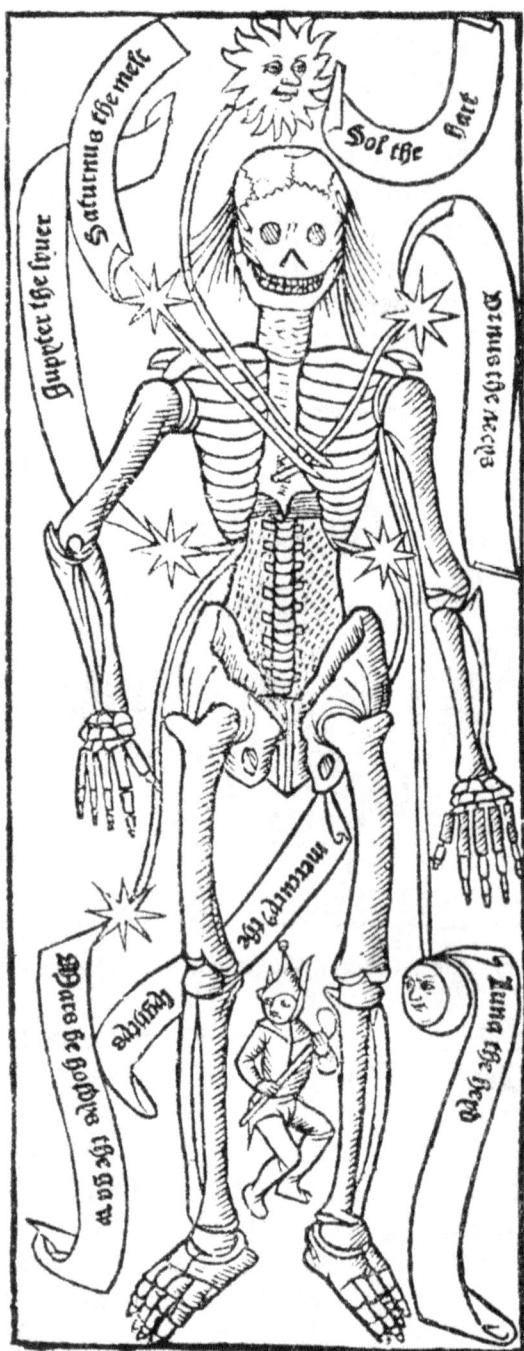

Abb. 77. Zuordnung der Organe des menschlichen
Körpers zu den Planeten.
Aus dem „Kalender of Shepherdes". 1503.

pers", des Mondes auf Ge-
hirn und Schleim, des Merkurs auf Lunge und Sprach-
organe, der Venus auf die
Nieren, des Mars auf die
Muskeln, mitunter auch auf
die Galle, des Jupiter auf die
Leber und des Saturn auf
Milz und Knochen. Damit
ist aber die Reihe der Zuordnungen noch nicht an-
nähernd erschöpft. Durch Galen
(2. Jahrh. n. Chr.) war die
Lehre von den vier Kardinalsäften: Blut, Schleim, gelbe
und schwarze Galle, die ebenfalls je einem Planeten unterstellt waren, zu Ansehen ge-
führt worden. Mit dieser Lehre
von den Kardinalsäften ging
die Lehre von den vier Tem-
peramenten Hand in Hand.
So entstand beispielsweise ein
melancholisches Temperament,
wenn im Menschen ein Übermaß an „schwarzer Galle" vorhanden war, durch Saturn ver-
ursacht.

Wenn es eine so weitge-
hende Entsprechung zwischen
Körper und Himmel gab, so
war es klar, daß der Körper
sich nur dann des besten Wohl-
befindens erfreuen konnte, so
lange die Kräfte des Himmels
harmonisch auf ihn einström-
ten. Bestanden indes widrige
Konstellationen, so konnten
Schädigungen des Körpers die
Folge sein.

„... do der ſtérne Sâtúrnus
wider an ſîn zil geſtuont[1]),
daz wart uns bi der wunden kunt ...“

Parzival IX, 1703 ff.)

berichtet Wolfram von Eſchenbach über die Wunde des Amfortas.

Die Schädigungen ſelber traten meiſt an denjenigen Organen des Körpers auf, die den ſchlechtge-ſtellten Planeten entſprachen. Oder aber es wurde durch die Stellung der Planeten im Tierkreis der Ort der Krankheit im Körper gegeben.

Für die Diagnoſe waren durch jene Aufteilung höchſt bedeutſame Anhaltspunkte gegeben. „Darumb aus dem folgt, daß der Arzt das wiſſen ſoll, daß im Menſchen ſind Sonn, Mond, Saturnus, Mars, Mercurius, Venus und all die Zeichen, der Polus Arcticus und Antarcticus, der Wagen und alle Quart in Zodiaco“ (Paracelſus). Dieſes Wiſſen hatte ſeinen Wert nun nicht allein für die Diagnoſe, ſondern auch für die Therapie. Waren Stein, Kraut und Baum ebenfalls Schöpfungen verſchiedener planetarer Kräfte, ſo mußte es mög-lich ſein, dem Körper aus dem Reiche der Natur jene Kraft wieder zu-zuführen, die ihm im Augenblick durch Schwächung einer planetaren Kraft entzogen worden war. Alſo ſolariſchen Krankheiten galt es mit

Abb. 78. Tierkreiszeichenmann vom Ende des 13. Jahrhunderts.

ſolariſchen Pflanzenkräften etwa zu Leibe zu rücken. Hier herrſchte der homöopathiſche Grundſatz: similia similibus. Wurden aber die Planeten zu Krankheitserregern infolge eines Übermaßes ihrer Kraftſendungen, ſo war die Notwendigkeit gegeben, dieſes Übermaß durch eine Gegen-

---

[1]) Seinen Kreislauf vollendet hatte, alſo wahrſcheinlich wieder an dem Orte ſtand, an dem er im Entſtehungsaugenblick der Wunde geſtanden hatte.

kraft zu paralysieren (allopathischer Grundsatz). Metalle und Edelsteine konnten als Emanation der Planeten natürlich ebenfalls zur Heilung herangezogen werden: eine Beziehung der 12 Tierkreiszeichen zu 12 Edelsteinen war gegeben.

Für die Verwendung der Pflanzen zu Heilzwecken genügte es nicht, mit ihrer bloßen Zuordnung zu einem oder mehreren Planeten bekannt zu sein. Denn nur dann besaßen die Pflanzen ihre Kraft, resp. ihre erhöhte Heilkraft, wenn sie zur Planetenstunde ihres Planeten und möglichst zu seiner Kulmination bei gleichzeitig günstiger Bestrahlung durch den Mond eingesammelt und eingenommen wurden. Da ist es denn verständlich, daß Paracelsus, in dem die Astrologia medica ihren tiefgründigsten Vertreter fand, fordert: „Ein Arzt soll am ersten ein Astronomus sein ... Wo solchs gebricht, da ist der Krank verführet mit seinem Arzt. Denn der Arzt, der die Astronomey[1] nicht kann, der mag nicht ein vollkommener Arzt genannt werden: Denn mehr denn der halbe Teil der Krankheiten wird vom Firmament regieret... Dann merken hierin: was ist, daß die Arzney die du gibst für die Mutter den Frauen, so dirs Venus nit dahin leitet? Was wär die Arzney zum Hirn, so dirs Luna nit dahin führete? Und also mit den andern: Sie blieben all im Magen, und gingen durch die Intestinen wieder aus, und blieben ohn Wirkung. Denn hieraus entspringt die Ursach, so dir der Himmel ungünstig ist, und will dein Arzney nit leiten, daß du nichts ausrichtest: Der Himmel muß dirs leiten. Darumb so liegt die Kunst hie an dem Ort, in dem daß du nicht sagen sollst, Melissa ist ein Mutterkraut, Maiorana ist zum Haupt: also reden die Unverständigen. Solches liegt in der Venus und in Luna: So du sie willst also haben, wie du fürgibst, so mußt einen günstigen Himmel haben, sonst wird kein Wirkung geschehen. Da liegt die Irrung, die in der Arzney überhand genommen hat: Gib nur ein, hilfts so hilfts. Solcher Praktiken Kunst kann ein jedlicher Bauernknecht wohl, darf keins Avicenna darzu noch Galeni".

Seit der Wende zum 15. Jahrhundert war bereits die Zahl jener Ärzte rasch im Steigen begriffen, die von derartigen Dingen nichts mehr wissen wollten. Ihnen mag jedoch Paracelsus keine wirkliche Kenntnis vom Wesen und Ursprung der Krankheit zuerkennen, obwohl gerade er den Standpunkt vertritt, daß nur die Hälfte aller Krankheiten von himmlischen Konstellationen, die andere Hälfte aber von den Elementen stammt: „Zwo sind der Arznei, des Gestirns, und der Elementen: Zweierlei Krankheit sind auch, des Firmaments eine, die ander das

---

[1] Astronomie bei Paracelsus gleich Astrologie.

80

Element. Der nun die firmamentische Krankheit mit samt ihrer Arzney erkennt und verstehet, derselbig kann Medicinam Adeptam."

Die Pestilenz ist eine der Krankheiten, über deren astrale Herkunft man sich allgemein einig war. So führten um die Mitte des 14. Jahrhunderts Gelehrte und Ärzte die schwarze Pest auf eine große Konjunktion der Planeten Saturn, Jupiter und Mars im Zeichen Wassermann (1345) zurück. Daß man die Franzosenseuche von einer im November 1484 stattgefundenen Zusammenkunft Saturns, Jupiters, Venus', Merkurs, der Sonne und des Mondes im Skorpion herschrieb, wurde schon erwähnt. Es ist klar, daß ein Teil der Ärzte, die von der Überzeugung sich nicht so durchdrungen fühlten, daß jeder Krankheit ihr Kraut gewachsen sei, es als über ihre Kräfte gehend empfanden, solcher astralischen Krankheiten Herr zu werden. Zumal die Seuchen waren in ihrem unheimlichen Charakter und der Geschwindigkeit ihrer Ausbreitung dazu angetan, ein dumpfes Gefühl der Ohnmacht einem übermächtigen Schicksal ge

Abb. 79. Tierkreiszeichenmann 1488.

genüber wachzurufen, dem gegenüber alle Macht der Heilkunst immer wieder versagte. Dennoch lösten ohne Zweifel Seuchen, wie Hungersnöte und Kriege, so lange sie als Schickungen des Himmels empfunden wurden, weniger hoffnungslose Verzweiflung aus, als wenn der Mensch in seiner damaligen Machtlosigkeit das Bewußtsein eigener Verantwortung hätte tragen müssen. Daß er sich nach besten Kräften gegen

hereinbrechendes Unheil wehrte, dafür sorgte der Trieb der Selbster-
haltung. Immer aber trug er in schweren Zeiten als Hoffnungs-
schimmer den Trost in sich, daß Gottes Zorn mitsamt den drohenden
himmlischen Läufen doch eines Tages wieder verschwinden müsse.

Dem Einzelpatienten fühlte sich der astrologisch geschulte Arzt
weit mehr gewachsen. Das Horoskop seines Kranken gab ihm Aufschluß
über dessen konstitutionelle Anlage, über die Komplexion, d. h. das
Temperament des Patienten, wie über die Art der gerade vorliegenden
Störung. Aus dem Tagesstand der Planeten beim Krankheitsbeginn
und ihrer Beziehung zum Grundhoroskop ersah der astrologische Arzt
die kritischen Tage der Krankheit sowie den günstigen Augenblick für
den Beginn des Heilverfahrens. Wichtig war vor allem der Augenblick,
in welchem der Kranke die ersten Anzeichen seines Leidens verspürte.
Stellte man für diesen Augenblick das Horoskop, so bezeichnete das erste,
im Osten aufsteigende Haus den Kranken selbst, das 4. Haus die Arznei,
das 6. Haus die Krankheit und das 7. oder 10. Haus den Arzt. In den
Hundert Sprüchen, die man dem Ptolemäus zuschrieb, erfährt man im
57. Spruch, daß man den Arzt wechseln soll, wenn das 7. Haus oder
dessen Herr „beschädigt" ist.

Konnte man den Augenblick des Krankheitsbeginns nicht fest-
stellen, so hielt man sich an den Moment, in dem der Bote des Kranken
oder der Kranke selbst den Arzt erreichte und machte das Horoskop dieser
Minute zum Ausgangspunkt seiner Maßnahmen.

Von großer Wichtigkeit war es, die Stellung des Mondes zu Anfang
der Krankheit zu kennen. Nach ihm richtete sich der Eintritt der Krise
(Krisenlehre Galens). Noch Kepler legt Wert auf diese Feststellung:
„Ich hab die Lehren von den Krisen zwar nicht studiert, daß ich wüßte
der Ärzte Erfahrung zu des Mondes Lauf zu reimen. Will aber meine
Meinung sagen: Es kommt der Mond mit sieben Tagen zu dem Quadrat
des Ortes, von dannen er ausgelaufen, mit 14 zur Opposition, mit
$20^{1/2}$ zum Quadrat, mit $27^{1/3}$ wieder zu seiner ersten Stell. Wenn
man nun exclusive vom Anfang der Krankheit sieben ganze Tage bis
zur Krise zählt, so reimt sich die Beobachtung des 7., 14., 20., 27. Tags
als kritischer Tage nicht übel... Und wahrlich, wenn die Beobachtung
beständig und gewiß ist: Daß nach dem 7. und 14. hernach der 20. und
27. Critici seien, so muß es allein von des Mondes zodiakalem Lauf
herkommen..." („Tertius interveniens", These 70.)

Waren die Konstellationen zufriedenstellend, so erschien doch manchem eine Heilung erst garantiert, wenn auch das Horoskop des Arztes
zu dem des Patienten in günstigen Relationen stand, was nicht ohne

weiteres aus dem Krankheitshoroskop zu ersehen war. Doch der Luxus, den passenden Arzt sich horoskopisch auszuwählen, wurde wohl nur an den Höfen gepflegt.

Man liebte es, in den breitesten Volkskreisen bei allen möglichen leichten und ernsten Unpäßlichkeiten zur Ader zu lassen. Nie durfte dabei der Stand des Mondes außer acht gelassen werden, über den die Kalender bereitwilligst unterrichteten. Es wurde als höchst unbesonnen betrachtet, wenn man es wagte, zur Ader zu lassen, so lange der Mond in demjenigen Tierkreiszeichen stand, dem der zu lassende Körperteil zugeordnet war. Es entsprachen bei der üblichen Aufteilung (Abb. 78/79) dem Widder — der Kopf; dem Stier — der Hals; den Zwillingen — die Arme; dem Krebsen — Brust und Lunge; dem Löwen — das Herz und der Rücken; der Jungfrau — die Baucheingeweide; der Wage — Nieren und Blase; dem Skorpion — die Geschlechtsteile; dem Schützen — die Oberschenkel; dem Steinbock — die Knie; dem Wassermann — die Unterschenkel und den Fischen — die Füße. Zahlreiche Darstellungen von Krankheits- und Aderlaßmännlein geben durch Jahrhunderte hindurch Auskunft von der weiten Verbreitung der astrologischen Aderlaßvorschriften.

Zu den Aderlaßregeln gehörte auch das Beachten des Alters des Patienten. Es war also der Aderlaß an einem bestimmten Tage nicht gleichmäßig günstig oder un-

Abb. 80. Die Entstehung der Syphilis. Der Tierkreis zeigt Sonne, Mond und 4 Planeten im Skorpion, Mars im Widder. Syphilisblatt des Arztes Ulsenius 1496.

83

günstig für alle Altersstufen. So z. B. war die Zeit von der ersten Quadratur des Mondes bis zu seiner Opposition zur Sonne (Voll=mond) vortrefflich zum Aderlaß für Jünglinge, aber höchst ungünstig für alte Leute.

Der Astrolog und Astronom Stöffler († 1531) stellt folgende Tabelle für die Vermeidung des Aderlasses auf:

    2 Tage vor und 1 Tag nach ☽ ☌ ☉
    1 Tag vor und 1 Tag nach ☽ ☌ ♄ oder ☽ ☌ ♂
    1 Tag vor und 1 Tag nach ☽ ☍ ☉ oder ☽ ☍ ♄ oder ☽ ☍ ♂
    12 Std. vor und 12 Std. nach ☽ □ ☉ oder ☽ □ ♄ oder ☽ □ ♂

Auch Operationen durfte man nur bei ganz bestimmten Mond=stellungen vornehmen[1]). Brechmittel empfahl man einzunehmen, wenn der Mond mit einem rückläufigen Planeten zusammenstand, oder im Zeichen Krebs oder in einem Zeichen der wiederkäuenden Tiere: Widder, Stier, Steinbock. Abführmittel durften indes bei solchen Stellungen des Mondes auf keinen Fall verabreicht werden.

Auch auf das Temperament des Patienten galt es Rücksicht zu nehmen. So war es gut, einem Sanguiniker nur dann zur Ader zu lassen, wenn der Mond in einem Luftzeichen stand, einem Choleriker beim Mondstand im Widder oder Schützen, einem Phlegmatiker im Krebsen, Skor=pion oder in den Fischen und einem Melancholiker nur beim Mondstand in der Jungfrau oder im Stier.

Diese Regeln fanden weiteste Verbreitung auf den sog. Laß=zeddeln, die als Einblattdrucke zu Tausenden ins Volk wander=ten, sowie später in den Kalendern und Praktiken.

Da es bei der sinnlosen Be=folgung dieser zum Teil recht

Abb. 81. Aderlaßmann mit Tierkreis.
Aus Regiomontans „Temporal“. 1534.

---

[1]) Daß tatsächlich bei Eingriffen in den Körper in der Atmosphäre herrschende Span=nungsverhältnisse (die durch kosmische Verhältnisse bedingt sind) eine fördernde oder schädi=gende Rolle spielen, wird die Zukunft zu erweisen haben.

willkürlichen Vorschriften oft zu unangenehmen und schädlichen Folgen kommen mußte, erhoben sich immer und immer wieder warnende Stimmen, die hinwiesen auf die Notwendigkeit eines vernünftigen Handelns, wie es der Augenblick ergab, ungeachtet aller Mondesläufe.

Dennoch blieb gerade der Aderlaß nach dem Mondstand in weiten Volkskreisen so unerschütterlich in Gebrauch, daß noch im 18. Jahrhundert der Arzt Johann Georg Zimmermann sich über den Aberglauben seiner Zeit empören muß („Von der Erfahrung in der Arzneikunst." Zürich 1787): „Ich sehe, daß ein abergläubischer Mensch nichts unternimmt, ohne vorher den Kalender um Rat zu fragen. Hat er einen Seitenstich, so stürzt er sich lieber in Todes-

Wer Artzney sich gebrauchen thar/
Vnnd nicht der Zeichen
wol nimpt war/
Vnd sein sach nicht richtet
darnach/
Der leid gern/ ob er schad
empfach.
Hüt dich / nicht laß das
Glied an dir/
So das Zeichen die Ader
rühr/
Wie dir außweißt die Figur gut/
So bleibstu schon in guter hut.

Abb. 82. Aderlaßmann mit Laßregel.
1592.

gefahr, als daß er sich an einem Tage eine Ader öffnen ließe, an welchem diesen Sternpossen zufolge nicht gut Aderlassen ist. Er glaubt, alles steige aufwärts, wenn der Mond im Aufnehmen ist, darum schluckt er in dieser Zeit keine Purgatz, aus Furcht, sie werde ein Brechmittel. Er glaubt, alles werde voll, wenn der Mond voll ist, darum trinkt er in dieser Zeit bei der äußersten Mattigkeit keinen Wein. Er glaubt, alles eile niederwärts, wenn der Mond abnimmt, darum hofft er, jedes Mittel und jede Speise werde ihn in dieser Zeit purgieren. Er mag so krank sein, als er immer will, so nimmt er kein Mittel, von was für Art es immer sei, wenn der Mond im Stier ist, aus Furcht, dieses wiederkauende Tier jage sein Mittel aus dem Magen in den Mund." (Zitiert nach Steinlein.)

Durch die weite Verbreitung der jährlichen astrologischen Kalender bürgerte es sich ein, daß man nicht nur zum Aderlassen, sondern auch zum Baden, Purgieren, Haare und Nägel schneiden oder Zähne ziehen die Tage wählte.

So bringt ein „Calender mit Underrichtung Astronomischer wirkungen . . ." von 1547 folgendes Schema:

„Hernach volget ein Canon was in iedem Zeychen zu thun odder zu lassen sei, Darinnen (g) gut, (m) mittel vnd (b) böß bedeutet."

| | ♈ | ♉ | ♊ | ♋ | ♌ | ♍ | ♎ | ♏ | ♐ | ♑ | ♒ | ♓ |
|---|---|---|---|---|---|---|---|---|---|---|---|---|
| Gesellschaftmachen . . . . . | b | g | g | b | g | g | b | b | g | b | m | g |
| Freuntschaftmachen . . . | b | b | m | g | g | b | b | g | g | b | m | g |
| Hochzeytmachen . . . . . | b | g | g | b | g | g | m | m | m | b | m | m |
| Brettspielen . . . . . . . | g | m | g | g | b | m | g | m | b | b | b | b |
| Ettwas suchen . . . . . . | g | g | m | g | g | m | g | b | m | b | b | b |
| Schuldbezalen . . . . . . | b | b | b | b | b | b | b | b | b | g | m | b |
| Negel abschneyden . . . . | g | g | b | g | g | b | g | m | m | m | b | b |
| Bartscheren . . . . . . . | b | b | g | g | b | b | g | g | b | m | m | g |
| Streitanfahen . . . . . . | m | b | g | g | g | g | b | g | g | b | m | m |
| Kinderentwenen . . . . . | g | g | m | g | g | g | m | b | b | g | m | g |
| Disputiern . . . . . . . | b | g | m | g | b | g | b | b | m | g | g | g |
| Fürstensehen . . . . . . | g | g | m | b | g | m | b | b | g | m | b | g |
| Aderlassen . . . . . . . | g | b | b | m | g | b | g | g | b | g | b | g |
| Erbschafftkauffen . . . . | b | g | m | g | g | g | b | b | g | g | m | m |

Man ersieht aus dieser Tabelle, daß der Mondstand im Löwen fast allen Dingen zugute kommt, während im Steinbock nichts recht gelingen will. Gegen das Schuldenbezahlen aber scheint sich der Mond in fast allen Zeichen zu wehren!

So war man im Laufe der Zeit wieder mitten hineingeraten in die schon von Moses verbotene Tagwählerei, die in dieser oder jener Form immer in Gefolgschaft der Astrologie fröhlich geblüht hat und auch heute noch zum sinnlosen Bestand der Laienastrologie gehört. Noch in heutigen astrologischen Kalendern kann man für einen betreffenden Tag bei=spielsweise lesen: Vorsicht für die Gesundheit, Gefahr für Moral (!), oder gut für Kunst und Vergnügungen.

Neben der Tagwählerei gab es auch noch eine Wählerei der Stun=den, die sich von der sehr alten, wahrscheinlich ägyptischen Lehre herschrieb, daß jede Stunde des Tages einem andern Planeten zugehörig sei. Den natürlichen Tag von Sonnenaufgang bis Sonnenuntergang dachte man sich in 12 gleiche Teile geteilt, wobei der Planet des Wochen=tages jeweils mit der Herrschaft über die erste Stunde begann: Mond also regierte die erste Stunde des Montags, Mars die erste Stunde des Dienstags usw. Die übrigen Planeten folgten sich in der Stunden=herrschaft gemäß der sog. chaldäischen Reihe. Auch hierbei galt es wieder, eine Menge der Vorschriften zu beobachten: was in den Planetenstunden des Saturn zu tun, was zu lassen sei, was in der des Jupiter usf. Wie sehr der Glaube an die Stunden=Herrschaft der Planeten wurzelte, mag die Tatsache erhellen, daß beispielsweise der Meister der Großuhr im Innern des Domes zu Münster i. W. in sein Uhrwerk einen, die Planeten=stunden anzeigenden Apparat — gewissermaßen für die Bedürfnisse der Gläubigen! — einbaute.

86

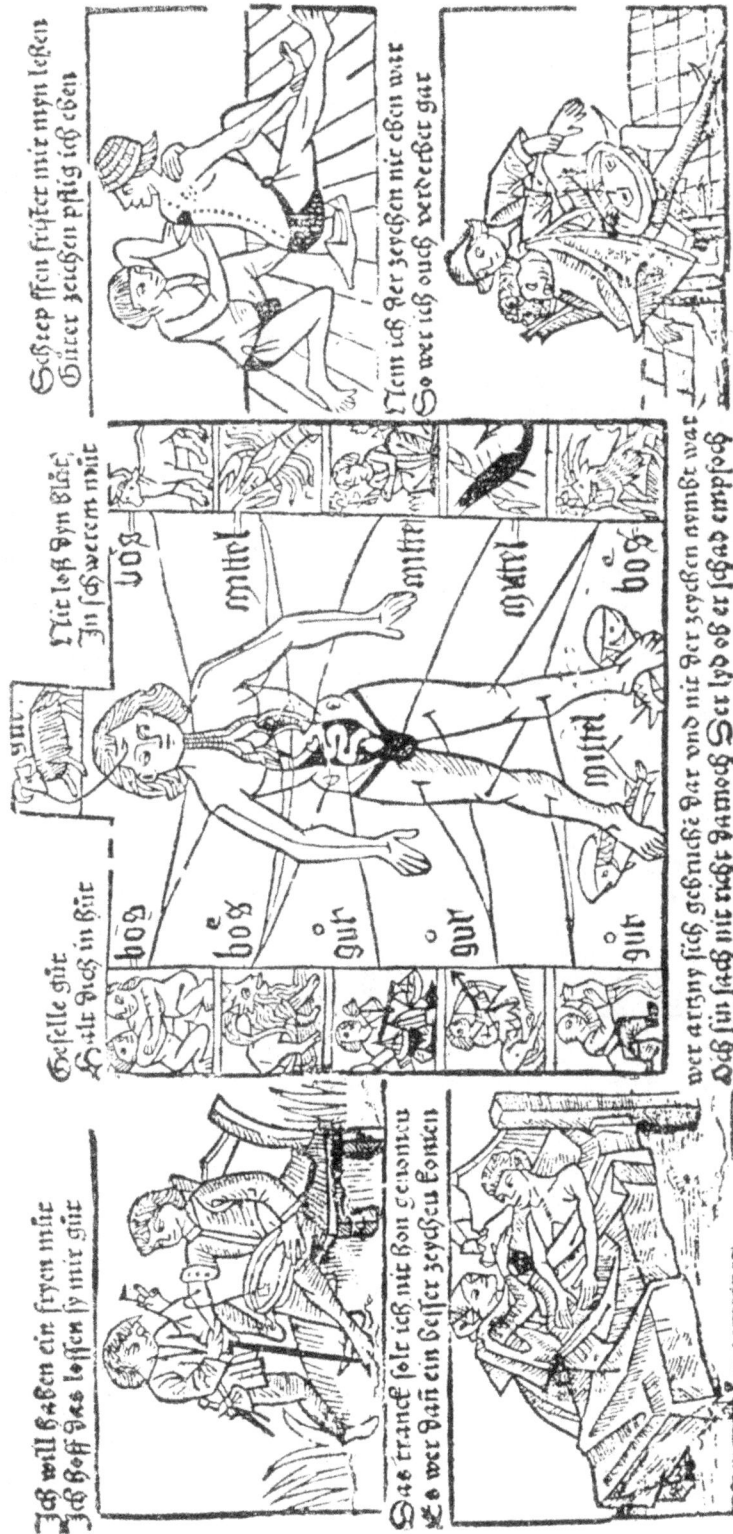

Abb. 83. Aberlaßmann mit Szenen aus der medizinischen Praxis. 1499.
Kalender des Hans Roman Woneder, Stadtarzt in Basel.

Durch die aſtrologiſche Tag= und Stundenwählerei, in welchem Ge=
wand ſie auch immer erſchien, wurde der Abhängigkeit des Menſchen
in allen Kleinigkeiten des täglichen Lebens am unverholenſten das Wort
geredet, wodurch der freie Wille wie auch jedes Gottvertrauen empfindlich
geſchwächt wurde. Gerade
die Tag= und Stunden=
wählerei finden wir denn
auch ſehr häufig als Sünde
verdammt, während man
einer andern Sitte gegen=
über ſich als viel duldſamer
erweiſt: dem Tragen aſtro=
logiſcher Amulette — ſofern
Heilzwecke damit verbunden
waren, oder ſofern man ſich
um die Erfaſſung planetarer
Influenzen in glückheiſchen=
der Abſicht bemühte. Eine
gewiſſe, ſogen. natürliche
Magie war bei Herſtellung
ſolcher Amulette wohl er=
laubt. Die rechte Wahl des
anzufertigenden aſtrologi=
ſchen Tierkreis= oder Pla=
netenbildes bzw. Zeichens
war zunächſt die Hauptſache.
Die Herſtellung aber hatte
alsdann unter glücklichen
Konſtellationen und in der
Stunde desjenigen Planeten
zu geſchehen, deſſen Kraft

Abb. 84. Planetenſtunden=Rad.
Titelbild des „Judicum lipsense Magistri wenceslai De
Budweyß. Um 1500.

in das Amulett zu bannen gewünſcht war. Die Amulette wurden ver=
fertigt aus edlen Steinen und Metallen, wobei wiederum die planetare
Zugehörigkeit zu beachten war. Oder aber es genügten auf Pergament
gezeichnete aſtrologiſche Charaktere (Vergl. „Charakter" und „Intelli=
genz" der Sonne auf Abb. 85). Von den Amuletten ſeien auch erwähnt
die Planetentafeln oder magiſchen Zahlenquadrate, denen große himm=
liſche Kräfte zugeſprochen wurden. Sie bargen in ihren Zahlen das
unausſprechbare Weſen des Planeten und verliehen, ſo ſie in günſtiger
Stunde auf die geeignete metallene Platte geſchrieben, die beſten Gaben,

88

die der jeweilige Planet zu vergeben hatte. Auf Dürers Stich „Melencolia I." (Abb. 13) finden wir ein solches Zahlenquadrat, und zwar das Quadrat des Jupiter, in die Wand eingelassen, auf daß es die Kräfte Saturns dem Fruchtbaren zuwende. Siehe auch Abb. 85: Quadrat der Sonne.

Mit der Zugehörigkeit der sieben alten Metalle zu den Planeten: des Bleis zu Saturn, des Zinns zu Jupiter, des Eisens zum Mars, des Goldes zur Sonne, des Kupfers zur Venus, des Quecksilbers zum Merkur und des Silbers zum Mond (Abb. 32),

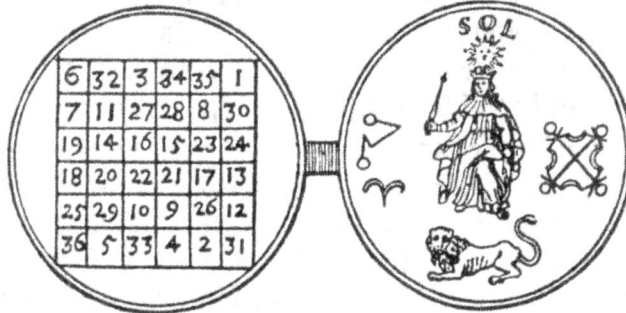

Abb. 85. Sonnenamulett.

ragt die Astrologie endlich hinein in das Gebiet ihrer großen Schwester-wissenschaft: der Alchymie.

Zum Schluß wollen wir noch einen Blick auf die Traktätlein selber werfen, die — von den wenigen größeren Lehrbüchern abgesehen — das astrologische Wissen im Volke verbreiteten. Die Praktiken beziehen sich nicht auf ein bestimmtes Jahr, sondern geben allgemeine Lehren über das, was der Mensch über die Gestirne wissen soll. Ein Praktiken-schreiber schreibt sie dem andern ab. Es wird in diesen Büchlein berichtet, wie der Himmel auf alle Dinge, sichtbarlich und unsichtbarlich, seinen Einfluß habe. Die 12 Zeichen werden besprochen und die Wirkung der Sonne in ihnen. Meist schließt sich an ein Bericht über der Planeten Natur und Wirkungen, oft in einen Vers gefaßt. Die vier Komplexionen ge-nießen eine ausführliche Behandlung:

„Cholericus hat fewrs natur am meysten / ist heyß vn trucken / gleicht dem Fewr vnd Sommer /.... er trinckt mehr dann er ißt /.... eins schnellen grimmigen zorns / der ist bald wieder hin / kün vnd in allen dingen schnell / redet vil / begert vil zu vnkeuschen ...

Phlegmaticus / hat des wassers natur am meysten / ist kalt vnd feucht / gleicht dem wasser vnnd Wintter / ... hat vil fleysches / ... ißt vil / trincket wenig / Träg / Schläfferig / hat weych har / ... begeret wenig zu vnkeuschen ....

Melancholicus hat der Erden natur mehr dann anderer Ele-ment / ist kalt vnd trucken / würt vergleicht der Erden vnd Herbst / ist die vnedelst Complex. Wer deren natur / ist geren kranck / geitzig / trawrig

vnd äſchenfarb / ... hat böſe begirden / hat ehrliche ding nicht lieb / ...
mag nit wol vnkeuſchen ...

Sanguineus / hat des lufts natur mer dann anderer Element /
iſt warm vn feucht / lüftig als der lentz / iſt die edelſt vnd' den Complexio-
nen. Wer deren natur iſt / hat lieb von natur / vn würt lieb gehabt /
iſt mild zu ehrlichen dingen / ... ſinget gern / ... mag wol vnkeuſchen /
vnd begert ſein vil / ... würt gern weiſe vnd wol gelert..." (Calender
mit Vnderrichtung Aſtronomiſcher wirckungen... 1547.)

Für die umſtändlichen Planetenberechnungen durch Beobachtung
oder mit Hilfe von Ephemeriden (Geſtirnſtandstabellen) wiſſen die
Praktikenſchreiber einen originellen Erſatz: es bedarf nur des Vornamens der Mutter und des eigenen Vornamens, um alsdann den
Geburtsplaneten errechnen zu können. Das Ganze geſchah ſo: Die Buch-
ſtaben der Namen wurden in Zahlen verwandelt, etwa nach dem Schema
$A = 1$, $B = 2$ ... $L = 20$, $M = 30$ uſw. — der Syſteme gibt es
mehrere — die Summe aller Zahlen wurde alsdann ſo oft als möglich
durch 7 bzw. durch 9 geteilt und die Reſtzahl war alsdann der Schlüſſel
für den geſuchten Geburtsplaneten.

Sehr häufig iſt in den Praktiken ein Aderlaßmann mit den dazu-
gehörigen Aderlaßregeln zu finden. Merkverſe belehren über die Verrichtungen des Landmanns in den verſchiedenen Monaten ſowie über
Geſundheitspflege uſw.

Eine beſondere Art der Praktiken iſt die Bauernpraktik. Sie fußt
auf dem Grundſatz, daß die Witterung des ganzen Jahres ſich aus
dem Verhalten der 12 Tage von Weihnachten bis zum hl. Dreikönigstag
erſehen laſſe, wie aus dem Charakter des „Jahresregenten" (auf den ſich
auch der ſog. Hundertjährige Kalender aufbaut).

Wer etwas über die Entſtehung ſolcher Praktiken zu erfahren
wünſcht, der leſe die launigen Schilderungen H. J. Chriſtoph von Grim-
melshauſens in ſeinem „Ewig währenden Kalender" von 1670.

Die Prognoſtiken, ſofern ſie geſondert neben den Praktiken
einhergehen, ſind gewöhnlich kleine Heftchen, meiſt nur ein paar Seiten
ſtark, vielfach geziert mit einem Titelbild in groben Holzſchnittlinien,
das auf die zu erwartenden Ereigniſſe des Jahres hinweiſt. Die Schrift-
chen wetteifern oft ſchon in Titel und Bild, die Zukunft in den eindrucks-
vollſten Farben zu malen. Die Prognoſtiken geben Auskunft über
Jahreszeiten, Witterung, über Finſterniſſe und ihre Bedeutungen, über
Kriege, auch über „Kranckheiten vnd allerley Leibes beſchwerungen, ſo
durch die Influentias naturales Stellarum Menſchen vnd Vihe in

90

diefem Jar gedräwet werden". Auch fie enthalten oft einen kurzen Überblick über die Bedeutung der Planeten und Tierkreiszeichen und geben die wichtigſten Aderlaßvorſchriften.

Bei der ungeheuren Flut aſtrologiſcher Praktiken und Prognoſtiken, mit ihren unermüdlichen Ausdeutungen kommender Ereigniſſe und ihrem ſtereotypen Wiſſenskram, war es kein Wunder, daß auch Spott und Satire ſich ihrer bemächtigten. 1494 war bereits zu Baſel Sebaſtian Brants berühmtes „Narrenſchiff" erſchienen. „Vil practick vnd wiſſagend kunſt / Gatt jetzt vaſt (ſchnell) vß der drucker gunſt / Die drucken alles, das man bringt..." Brant iſt der Anſicht, daß es viel gute Saturn= kinder gäbe und viel Sonnen= und Jupiterkinder, voll von Bosheit. 1527 finden wir eine „Practica Teutſch, gemacht durch Eſelberti trinckgern, yn beyden rechten, Trinck auß, Schenck ein, Doctoris. auff das jar Tauſendt groſchen, Funff hundert maßweins vnd Sibenundzwantzig pratwürſt." Die bekannteſte Spottpraktik iſt Fiſcharts „Aller Practick Großmutter. Ein dickgeprockte Newe vnnd trewe / laurhaffte vnd jmmer=daurhaffte Procdick / auch poſſierliche / doch nit verführliche Pruchnaſticaz: ſampt einer gecklichen vnd auff alle jar gerechte Laß= taffeln: geſtellet durch gut duncken / oder gut truncken des Stirnweiſen H. Winhold Würſtblut vom Nebelſchiff / des Königs Artſus von Landa= grewel höchſten Himmelgaffenden Sterngauckler / Practickträumer vnd Kalender reimer: Sehr ein räß kurtzweilig geläß / als wenn man Haber= ſtro äß. Kummkratzen vnd Brieffelegen¹) / nach laut der Pructick." (1572). In dieſer Praktik wird prognoſtiziert: „Diß Jahr wird ein Schalck= jahr ſein ... Die Gulden Zahl erzeigt ſich diß vnd alle Jahr bei den Armen ſchmal ... Groß Finſterniß wirds diß Jahr geben zu Mitter= nacht, da iſt nicht gut Gelt zahlen, ſoll auch kein fromme Tochter keins bey ſolchem Nebel nemen ... Das Donnern wird mehr getümmels haben, dann der Plitz ..." uſw. uſw. (Nachdruck 1623.)

---

¹) cum gratia et privilegio.

\* \* \*

Wir sind nun am Ende. In hohem Grade sahen wir den astro=
logischen Gedanken das Kulturleben unserer deutschen Vergangenheit
durchdringen: ob er gleich als Astrosophie den Mystiker erfüllte, ob er
als Astrologie sich um die Wissenschaft bemühte, ob er schließlich als
Astromantie die Gemüter des Volkes in seinen Bann zog. Daß die
Lehren der Astrologie sich nicht einzig und allein in Form von Berichten
verbreiteten, sondern sich in so außerordentlich hohem Maße der illustra=
tiven Kunst bedienten, spricht für das große Interesse der allerbreitesten
Kreise, also auch all jener Volkskreise, die des Lesens unkundig waren.
Wenn wir es auch bei den astrologischen Buchillustrationen in erster
Linie mit Massenkunst zu tun haben, mit oft grober, unbeholfener Dar=
stellung — ihre Aufgabe erfüllen jedoch, wie ich bereits eingangs sagte,
all diese Bilder ganz gewiß: Lebendige Träger des astrologischen
Gedankens zu sein. Verstehn sie es doch, Wesentliches mit
ihren primitiven Mitteln zu sagen. Die Einsichtigen werden
darum auch angesichts der astrologisch=illustrativen
Massenkunst den Hintergrund jener großen Welt=
anschauung erkennen, die sich so inbrünstig
um die Erkenntnis der wirkenden
Weltkräfte bemühte.

Abb. 86. Signet Ratdolt 1499.
Wappen mit dem Planetengott Merkur.

# Zeichenerklärung.

## Planeten.

ħ = Saturn ⎫
♃ = Jupiter ⎬ obere Planeten
♂ = Mars ⎭

☉ = Sonne

♀ = Venus ⎫
☿ = Merkur ⎬ untere Planeten
☽ = Mond

☊ = aufsteigender ⎫ Mondknoten
☋ = absteigender ⎭

## Tierkreiszeichen.

♈ = Widder — Aries

♉ = Stier — Taurus

♊ = Zwillinge — Gemini

♋ = Krebs — Cancer

♌ = Löwe — Leo

♍ = Jungfrau — Virgo

♎ = Wage — Libra

♏ = Skorpion — Scorpio

♐ = Schütze — Sagittarius

♑ = Steinbock — Capricornus

♒ = Wassermann — Aquarius

♓ = Fische — Pisces

## Aspekte.

| | | Winkel von: | | Kreisteil: |
|---|---|---|---|---|
| ☌ = Konjunktion (Zusammenstand) . . . . . | | 0 Grad | | 0 |
| ✳ = Sextil . . . . . . . . . . . . | | 60 „ | | 1/6 |
| □ = Quadrat . . . . . . . . . . . | | 90 „ | | 1/4 |
| △ = Trigon . . . . . . . . . . . | | 120 „ | | 1/3 |
| ☍ = Opposition . . . . . . . . . . | | 180 „ | | 1/2 |

———

# Verzeichnis der Abbildungen.

Es ist versucht worden, möglichst aus jedem Teilgebiet des astrologischen Gedankenkreises eine Abbildung beizubringen. Der leitende Gedanke bei Auswahl der Bilder war Anschaulichkeit, nicht ihr bibliophiler oder kunstgeschichtlicher Wert.

Im allgemeinen sind die Abbildungen in Originalgrößen wiedergegeben oder, der Schärfe wegen, um ein Weniges verkleinert. Wesentliche Verkleinerung wurde stets angegeben. Wo es sich nicht um Reproduktionen von Originalen handelt, ist im folgenden Verzeichnis stets die Quelle angegeben, woselbst meist näheres über die Abbildung zu erfahren ist.

Nach Originalen wurden reproduziert:

Aus der Bayerischen Staatsbibliothek München die Abb. 3, 6, 9, 14, 15, 16, 17, 22, 23, 29, 30, 31, 38, 42, 43, 44, 45, 46, 51, 57, 60, 62, 63, 64, 65, 66, 67, 68, 69, 70, 71, 72, 73 und 81;

aus der Graphischen Sammlung München die Abb. 50 und 82;

aus dem Germanischen Museum in Nürnberg die Abb. 76;

aus der Ratsschulbibliothek in Zwickau die Abb. 53, 54, 55 und 84.

Abb. Initial O. Bartol. Kistler, Straßburg 1497. — Nach: Schreiber, „Der Initialschmuck in den Druckwerken des XV. bis XVIII. Jahrhunderts". Zeitschr. f. Bücherfreunde 1901/02, Bd. I, S. 213, Abb. 7. Verkleinert.

1 Unterricht in der Sternkunst. Aus dem „Lucidarius", Augsburg 1479. — Nach: Albert Schramm, „Der Bilderschmuck der Frühdrucke", Bd. 3: Die Drucke von Johann Baemler in Augsburg. Abb. 629. — Leipzig (Karl W. Hiersemann) 1921.

2 Astrolog in seiner Studierstube. Titelblatt der zweitältest bekannten Bauernpraktik von 1512. — Nach: G. Hellmann, „Neudrucke von Schriften und Karten über Meteorologie und Erdmagnetismus", Nr. 5: Die Bauernpraktik. S. 9. — Berlin 1896.

3 Prognostikenbild, Gottes Allmacht verherrlichend. — Aus: Prognostica ab Jacobo Henrichmanno. 1508. o. O.

4 Weltbild nach Cusanischer Vorstellung. Wohl deutsches Blatt, ca. 1520—30. — Nach: Wilhelm Foerster, „Die Erforschung des Weltalls" in „Weltall und Menschheit", Bd. III, S. 45. — Berlin, Leipzig, Wien, Stuttgart (Deutsches Verlagshaus Bong & Co.) o. J.

5 System des Ptolemäus. Die Erde steht im Mittelpunkt, aus den beiden Elementen Erde und Wasser bestehend, die Luft- und Feuerhülle umgeben sie. Es folgen die 7 Planetensphären, endlich die Fixstern-Sphäre mit dem Tierkreis. — Aus: „Andreae Argoli Ephemerides exactissimae caelestium motuum ... Lugduni" 1677. Verkleinert.

6 Armillarsphäre mit den Bildern des Tierkreises. Darunter die Astrologie, einen Schüler in den technischen Grundlagen ihrer Wissenschaft unterweisend. Rechts Ptolemäus, im ganzen Mittelalter und in späterer Zeit als der Vater der Astrologie verehrt, mit einem Astrolabium in der Hand. — Aus: „Theoricarum nouarum Georgij Purbachij ...". 1515.

7 Sphärenbild im Aufriß. — Aus: Konrad von Megenbergs Buch der Natur. Um 1482. Jenseits der Fixsternsphäre sind der Kristallhimmel und das Empyreum dar-

gestellt. — Nach: Albert Schramm, „Der Bilderschmuck der Frühdrucke", Bd. 4: Die Drucke von Anton Sorg in Augsburg. Nr. 831. — Leipzig (Karl W. Hiersemann) 1921. — Auf die Hälfte verkleinert.

8 Saturn und seine Kinder. Aus einer niederländischen Planetenserie um 1440. Stadtbibliothek Zürich. — Repr. nach: Kurt Pfister, „Die primitiven Holzschnitte". München (Holbein-Verlag) 1922. — Taf. 31. Stark verkleinert.

9 Der Planet Saturn mit seinen Zeichen Steinbock und Wassermann. — Aus „Das groß Planetenbuch". 1553. o. O.

10 Der Planet Saturn mit seinen Zeichen. Aus dem Deutschen Buchkalender von 1514. Fragment; Basel, Pamphilius Gengenbach. — Nach: Hans Koegler, „Einige Basler Kalender des 15. und der ersten Hälfte des 16. Jahrhunderts". Abb. 20. — Anzeigen für Schweizerische Altertumskunde. Neue Folge IX. 1909. Zürich.

11/12 Planetenkinder-Darstellungen (Saturn und Jupiter) des Mittelalterlichen Hausbuchs. Um 1480. Repr. nach den Stichen von H. L. Petersen in der Ausgabe von August Essenwein, Frankfurt a. M. 1887. Auf die Hälfte verkleinert.

13 Dürers „Melencolia I" 1514 (verkleinert). — Aus: Luckenbach, „Geschichte der deutschen Kunst". München (R. Oldenbourg) 1926.

14 Der Planet Jupiter mit seinen Zeichen Schütze und Fische. Aus „Das groß Planetenbuch" von 1553.

15/16 Der Planet Mars mit seinen Zeichen Widder und Skorpion. Aus „Das groß Planetenbuch" von 1553.

17 Der Planet Venus mit seinen Zeichen Stier und Wage. Aus „Des weitberümten M. Johannen Künigspergers Natürlicher kunst d'Astronomei kurtzer begriff Von natürlichem jnfluß der gestirn, Planeten vnd Zeychen etc...." Straßburg 1528.

18/21 Planetenkinder-Darstellungen (Mars, Sonne, Venus, Merkur) des Mittelalterl. Hausbuchs. Um 1480. Quelle wie Abb. 11/12.

22 Der Planet Merkur mit seinen Zeichen Zwillinge und Jungfrau. Aus „Das groß Planetenbuch" von 1553.

23 Der Planet Merkur. Prognostikentitel. „Sybilla" Augsburg, o. J.

24 Merkur und seine Kinder. Aus dem „Kalender of Shepherdes" 1503. Neudruck (H. O. Sommer) London 1892.

25 Venus und ihre Kinder. 1503. Quelle wie Abb. 24.

26 Merkur und seine Kinder. Aus der Tübinger Handschrift um 1400. Am Himmel die Gestalten der Sternbilder, die mit den Merkurzeichen Zwillinge und Jungfrau aufsteigen (Paranatellonta) oder untergehen. Es sind von links nach rechts: Bootes (?), Perseus (darunter), Triangel, Schlangenträger, die auf ihrem Thron festgebundene Cassiopeia und Herakles. Nach A. Hauber „Planetenkinderbilder und Sternbilder", Straßburg (Heitz) 1916, Taf. XXVIII.

27 Venus und ihre Kinder. Aus der Schermar-Handschrift vom Anfang des 15. Jahrhunderts. Nach A. Hauber, „Planetenkinderbilder und Sternbilder". Straßburg (Heitz) 1916, Taf. XXVI. Verkleinert.

28 Zuordnung der 7 Planeten zu den 7 freien Künsten, den Wochentagen und den Metallen. Tübinger Handschrift um 1400. Nach A. Hauber (wie Abb. 26) Taf. VII.

29/30 Der Planet Sonne mit seinem Zeichen Löwe. Aus „Das groß Planetenbuch" von 1553.

31 Der Planet Luna mit seinem Zeichen Krebs. Quelle wie Abb. 17.

32 Planetenkinder-Darstellungen (Luna) des Mittelalterl. Hausbuchs. Um 1480. Quelle wie Abb. 11/12.

33 Die 7 Planeten als Herrn der 7 Wochentage. (Vorlage wohl deutschen Ursprungs) 1503. Quelle wie Abb. 24.

34 Die 7 Planeten mit ihren Zeichen und ihren Kindern, ihre Zugehörigkeit zu den Wochentagen. In der Mitte ein Aspektschema. Der Text über den Planetenmedaillons

betrifft Aderlaß und Zugehörigkeit der Organe zu den Planeten. Holzschnitt um 1490. — Einblattdruck. Der Text beginnt mit den Worten: „Tafel zu erlernen der Planeten stund vnd die natur eines yeden menschen durch ire einfluß inen zugeeygnet..." Nach „Die Holzschnitte des 14. und 15. Jahrhunderts im Germanischen Museum" (A. Essenwein), Nürnberg 1874, Tafel CXXI. (Die Bemühungen nach dem Original blieben erfolglos.)

35 Tierkreis aus dem „Lucidarius" 1479. Nach Albert Schramm, „Der Bilderschmuck der Frühdrucke", Bd. 3. Die Drucke von Johann Baemler in Augsburg. Nr. 633. — Leipzig (Karl Hiersemann) 1921.

36 Sternbildkarte von Adam Gefugius 1565 aus dessen „Speculum firmamenti...". Einblattdruck, stark verkleinert. Nach Taeubner & Weil, Antiquariatskatalog Nr. 15, „Alte Astronomie". München 1925. — Die Sternbildkarte zeigt deutlich den Unterschied zwischen den verschieden großen Tierkreisbildern und den Abschnitten zu je 30 Grad der Tierkreiszeichen.

37 Tierkreiszeichen 1489. Nach Camille Flammarion „Les étoiles et les curiosités du ciel", Paris 1882, Fig. 299, ohne Quellenangabe. — Die gleichen Holzschnitte, wenn auch in anderer Reihenfolge, finden sich in: Leupoldus de Austria „Compilatio de astrorum scientia", Augsburg bei Erhard Ratdolt, 1489.

38 Die sich gegenüberliegenden Tierkreiszeichen (Oppositionen). Links oben Widder und Wage, darunter Stier und Skorpion, Jungfrau und Fische (im Netz); rechts oben Steinbock und Krebs, darunter Löwe und Wassermann, Schütze und Zwillinge. — Aus „Kurtzer Bericht vom gebrauch deß Cylinders" 1624.

39 Tierkreiszeichen für eine Sonnenuhr. Schule Hans Holbein. — Aus Sebastian Münsters Deutschem Wandkalender für 1533, Basel. Quelle wie Abb. 10.

40 Die Planeten Saturn, Jupiter, Mars und Sonne auf ihren „Häusern". Aus einer Tübinger Handschrift um 1400. — Nach A. Hauber (wie Abb. 26), Taf. X.

41 Die Planeten Venus, Merkur und Mond auf ihren „Häusern". Aus einer Tübinger Handschrift um 1400. — Nach A. Hauber (wie Abb. 26), Taf. XI. — Mond ist nach astrologischer Lehre im Krebsen zu „hause"; was die Jungfrau mit der Wage bedeutet, ist astrologisch nicht festzustellen.

42 Tafel der Stärken der Planeten in den verschiedenen Zeichen. Aus „Kalendarius teutsch Maister Joannis Küngspergers" 1512.

43 Sternbild Pegasus. Aus „Das groß Planetenbuch", Straßburg 1544. Im Text heißt es dort: „Pegasus sthat in Capricorno. Welcher vnder dem abent roß empfangen oder geborn wirt, der ist alweg weitschweiffig, ist dürstig, ist frölich vnnd wirt reich, höflich, erbar vnnd rein, vnd ist etwaz schmeichlechter wort, vnnd ehe er stirbt kompt er zu großen ehren, vnd wirdigkeit, vast glückhafft, jm ist wol mit vnkeuschheit, ist dinstbar, weydlich vnd weniger wort."

44 Sternbild Cassiopeia. Aus „Das groß Planetenbuch", Straßburg 1544. Im Text: „Cassiopeia am end des Fischs, vnd fornen an dem Wider. Welcher vnder der Cassiopeia geboren wirt, der wirt haben ein hüpsch angesicht, ist vnkeusch, dürstig, vnd reich, ist eins frölichen vnd seligen lebens, biß schier an dz end, dann er stirbt eins bösen todts, entweders er wirt erwürgt, die käl abgeschnitten, oder verdirbt in vngewitter."

45 Sternbild Serpentarius. Aus „Das groß Planetenbuch" Straßburg 1544.

46 Sternbild Herkules. Aus „Das groß Planetenbuch", Straßburg 1544.

47 Wallensteins Horoskop, von Kepler gestellt 1608. — Nach Wilhelm Foerster, „Die Erforschung des Weltalls" in „Weltall und Menschheit", Bd. 3.

48 Aspekte-Schema. Die Aspekte sind auf den Widder bezogen. Und zwar liegen zu ihm: Wage in Opposition, Löwe und Schütze im Trigon, Krebs und Steinbock im Quadrat und Zwillinge und Wassermann im Sextil. Aus „Andreae Argoli Ephemerides exactissimae caelestium motuum...", Lugduni 1677.

49 Titelholzschnitt von Erhard Schön zum Nativitätkalender des Leon-

hard Reymann. 1515. Der äußere Kreis zeigt die 12 irdischen Häuser, es folgt der Tierkreis und die 7 Planeten. In der Mitte die Erde. Nach Hagelstange, Zeitschr. für Bücherfreunde, Jahrg. 1905/06, Bd. II, S. 106/07.

50 Geburtsstube mit Astrolog. Holzschnitt von Jost Amman (?). Aus Albertus Magnus „Daraus man alle Heimlichkeit des weiblichen Geschlechts erkennen kan". Frankfurt 1592.

51 Geburtsstube. Links ein Astrolog, den Gestirnstand des soeben Geborenen in sein Horoskopschema einzeichnend. Aus „Planeten Buch: Auff grund Natürlicher Astrologey, nach wahrem lauff der Sonnen, vnd der siben Planeten kräfften vnd eygenschafften, wie dieselbigen den Menschen complexioniren vnd ihre würckung volbringen ... Durch einen diser Kunst lieb habendt guten Freund auß dem großen Planeten Buch, vnd anderen Naturkündigern, auffs new mit vilen Canonen gemehrt vnd gebessert." o. O. 1596. Original farbig wie Abb. auf dem Buchdeckel.

52 Horoskop des Sonneneintritts ins Zeichen Widder. 1487. Aus einem lateinischen Almanach von Markus Schynnagel. Magister der Universität Krakau. Gedruckt von Erhart Ratdolt in Augsburg 1487. — Nach Paul Heitz und Konrad Haebler „Hundert Kalender-Inkunabeln", Straßburg 1905. Blatt 52.

53 Saturnus ein herr dyses jarß 1492. Titelbild der „Practica Deutcz Magistri wenceslai von Budweiß". Zwickau, Ratsschulbibliothek. (Erwähnt bei Karl Sudhoff „Deutsche medizinische Inkunabeln", Leipzig 1908, unter Nr. 443.)

54 Praktikentitel 1496 (?) des Magisters Wenzel von Budweiß. Venus und Mars, als Herrscher des Jahres, wirken unheilvoll, da sie zueinander im Quadrat stehen: Venus im Wassermann und Mars im Stier. Das Unheil ist angedeutet durch den Wasser ausschüttenden Wassermann, den Wasser schnaubenden Stier, wie durch den Hagel schießenden Mars. — Zwickau, Ratsschulbibliothek.

55 Saturn, als Herrscher des Jahres, umfaßt Tierkreis und Erde. Titel von „Deucz practica Baccalarij Johannis Cracouiensis von Hasfurt. 1499 (?). Zwickau, Ratsschulbibliothek. — (Erwähnt bei Karl Sudhoff, „Deutsche medizinische Inkunabeln" unter Nr. 441.)

56 Titel einer Praktik des Georg Leimbach 1499. Prophezeiung eines nassen Jahres: Jupiter im Wassermann schüttet über den Herrn des Jahres, Saturn im Stier, der zu ihm im Quadrat steht, einen Eimer Wasser aus. Nach Adolf Bartels „Der Bauer" Jena (Eugen Diederichs) 1900. Monographien zur deutschen Kulturgeschichte, Bd. 6, Abb. 49. Verkleinert.

57 Darstellung des Tierkreises mit einer Mondfinsternis in der Jungfrau, wobei der Mond in Konjunktion mit Mars im Drachenschwanz steht. Die Finsternis fand im März (Sonne in den Fischen) statt. Außerdem Jupiter zwischen Steinbock und Wassermann, Saturn in Konjunktion mit Sonne. Der Widder, als erstes Zeichen, dreht den Tierkreis. — Titel der „Practica deutsch Meister Hansen Virdung von Haßfurt" 1523.

58 Astrologisches Flugblatt des Sebastian Brant 1504. Nach „Flugblätter des Sebastian Brant". Herausgegeben von Paul Heitz. Jahresgabe der Gesellschaft für elsässische Literatur III. Straßburg 1915. Blatt 22. Stark verkleinert.

59 Schematische Darstellung der „Großen Konjunktion" von 1524. Die 3 oberen Planeten Saturn, Jupiter und Mars stehen in Konjunktion in den Fischen, die auch von Sonne, Venus, Merkur und Mond durchlaufen werden. Aus: „Judicium Astronomicum coniunctionis minoris Saturni et Jovis ..." von N. de Shadek. 1524. — Nach G. Hellmann, „Beiträge zur Geschichte der Meteorologie" Nr. 1—5. Berlin 1914. S. 94. Verkleinert.

60 Titelbild einer Praktik, die „Große Konjunktion" aller Planeten im Zeichen der Fische betreffend. Große todbringende Überschwemmungen sind zu erwarten (Gerippe im Fisch). Rechts Kaiser, Papst und Kirchenfürsten. Links Saturn als Anführer aufrührerischer Bauern. Hindeutung auf den 1526 in der Tat ausgebrochenen Bauern-

krieg. — Titelbild der „Practica vber die großen vnd manigfeltigen Coniunction der Planeten, die imm Jar M.D.XXiiij erscheinen, vnd vngezweiffelt vil wunderbarlicher ding geperen werden." 1524.

61 Titelbild zu Georg Tannstetters „Libellus consolatorius", Wien 1523. Friedlich schauen die 7 Planeten, im Zeichen der Fische stehend, von Gottes Hand im Bann gehalten, auf die Erde hernieder, wo die Bauern ruhig ihrer Feldarbeit nachgehen. — Nach G. Hellmann (wie Abb. 59), S. 96. Verkleinert.

62 Titelbild der „Practica deutsch Meister Hansen Virdung von Haßfurt, vff das Erschröcklich Jare Mccccc vnd xxiiij .." Unheil und Schrecken werden angekündigt: Regen und Steine fallen aus dem Zeichen der Fische zur Erde hernieder, wo Totschlag und Verzweiflung herrschen. All dies scheint durch die Berechnungen der Astronomen auf dem Bilde sichergestellt.

63 Darstellung der Planeten-Konjunktion 1524. Aus „Magister Joanes Virdungus Hasfurdensis: Prognosticon super novis stupendis et prius non visis Planetarum coniunctionibus magnis Anno domini M.D.XXIIII futuris ...." 1521. Diese Schrift, in lateinischer Sprache geschrieben, war nur für die Gelehrten bestimmt.

64 Saturn und Venus, die Herrscher des unheilvollen Jahres 1524. Aus Virdungs Prognostik, wie Abb. 63.

65 Titelbild der „Practica Teutsch, durch Magister Matthiam Brotbeyhel, aus dem einfluß des hymels, zu sudderen nutz der menschen. Auff das M.D.XXIX. Jare, mit fleyß zu Kauffbewren auffgericht vnd gepracticiert."

66 Titelbild der „Practica Magistri Mathie Brotbeyhel von Kauffbeyren, auf das M.C.C.C.C. vnd XXXiij. Jar."

67 Titel einer Praktik des Paracelsus auf das Jahr 1535. Mars und Venus, die Jahresregenten, mit ihren Tierkreiszeichen.

68 Titelbild des „Prognosticon astrologicum. Auf die vier fürnemsten Reuolutiones vnd andere Zuneigung der Planeten des Jars nach der Geburt vnd Gnadenreichen Menschwerdung vnsers einigen Fürbitters vnd Seligmachers Jhesu Christi. 1563. Durch M. Victorium Schönfelt Budissium, jetziger zeit verordneten Physicum vnd Mathematicum der Fürstlichen vnd löblichen Hohenschul zu Marpurg, im land zu Hessen, gestellet." Die Darstellung weist auf drei Finsternisse hin: Eine der Finsternisse fand vor Beginn des Jahres im Schützen statt, die zweite, eine Sonnenfinsternis, in den Zwillingen, die dritte, eine Mondfinsternis, im Krebs. Sultan, Papst und Kaiser sehen dem Würfeln zwischen Tod und Krieg (Mars) zu. Über dem Tierkreis Jupiter und Saturn im Krebsen.

69 Titelbild von Ein auszug etlicher Practica vnd Propheceyen auff vergangne vnd zukünfftige jar ... auff das 1581. jare. Finsternis im Zeichen Krebs. Prophezeiung eines Kampfes gegen die Türken.

70 Praktika-Titelbild von „Weissag der Zeit. Allgemaine Himels vnd Weldpractic, so nit allein auff diese jetztgegenwertige sundern auch jmmer fort auff alle kunfftigfolgende Jahr, aus der sternseherischen Warsagenskunst ... bewähret ... Anno 1596 gestellet durch Johann Rasch."

71 Titelbild einer Kometenschrift. 1531. Aus „Coniectur odder annehmliche auszlegung Joannis Schöners vber den Cometen so jm Augstmonat des M.D.xxxj. jars erschinen ist, zu ehren einem erbern Rath, vnd gmainer burgerschafft der stat Nurmberg außgangen."

72 Titelbild der Kometenschrift „Bedeutung des vngewonlichen gesichts, so genent ist ein Comet, Welcher nach dem abnemenden Vierteyl des Mons ... im zeychen des Lewen, vnd danach vil tag auch gesehen worden. Durch meister Mathias Brotbeyhel von Kauffbeuren beschriben." M.D.XXXII. Der Komet erscheint im Tierkreiszeichen Löwe, in den Monaten Sept./Okt., während die Sonne in der Wage steht. Der Tod facht das zu erwartende Unheil an.

73 Titelbild der Kometenschrift „Was ein Comet sey: wo her er komme, vnd seinen vrsprung habe, von vnderscheidung, vnd in was form vnd gestalt sye erschynen ... Auch von jrer bedeutung, mit anzeygung etlicher historien, vnd geschichten, so denen Cometen nach gvolgt, vnd sonderlich von dem Cometen erschinen im Weinmonat des XXXII. jars. Durch Nicolaum Prucknerum beschriben." 1532. Es handelt sich hier um denselben Kometen, wie ihn Abb. 72 brachte; er ist fortschreitend in das Zeichen Jungfrau gewandert. Der rückläufige Saturn wandert ins Zeichen Krebs zurück.

74 Sonnenfinsternis im Zeichen des Löwen. 1487. Aus einem Kalender von Wenzel von Budweis. Nach Paul Heitz und Konrad Haebler „Hundert Kalender-Inkunabeln". Straßburg 1905. Blatt 54. Auf der Tagseite der Erde weist ein entsetztes Menschenpaar auf die Finsternis.

75 Mondfinsternis im Zeichen Wage. 1494. Die Sonne befindet sich im sog. Drachenschwanz, der verfinsterte Mond im Drachenkopf. Aus einem lateinischen Almanach 1494 von Jacobus Honiger von Grussen. Quelle wie Abb. 74, Blatt 84.

76 Finsternisse der Jahre 1616 und 1617, Krieg, Tod und Wassersnot nach sich ziehend. Die Darstellung malt die Folgen einer Mondfinsternis des Jahres 1616, sowie zweier Mondfinsternisse und dreier partieller Sonnenfinsternisse des Jahres 1617 aus. Die Tierkreiszeichen, in denen die Finsternisse stattfinden sollten, sind angeführt und numeriert. Der Tod als Krieg und Wassersnot, reitet den die Verfinsterung allegorisierenden Drachen. — Holzschnitt, ca. ²/₃ verkleinert. German. Museum Nürnberg.

77 Zuordnung der Organe des menschlichen Körpers zu den Planeten. 1503. — Aus dem „Kalender of Shepherdes". Neudruck von H. O. Sommer, London 1892.

78 Tierkreiszeichenmann vom Ende des 13. Jahrhunderts. Aus dem Cod. lat. 14414 der Bayerischen Staatsbibliothek München aus Tegernsee. Repr. nach Karl Sudhoff „Graphische und typographische Erstlinge der Syphilisliteratur" München (E. Kuhn) 1912, Taf. III. — Original farbig. Auf die Hälfte verkleinert.

79 Tierkreiszeichenmann 1488. Aus „Flores Albumasaris" 1488 bei Erhard Ratdolt. Nach Stephan Steinlein „Astrologie, Sexualkrankheiten und Aberglaube", München und Leipzig 1915.

80 Syphilisblatt des Arztes Ulsenius, 1496. Nach Stephan Steinlein, wie Abbildung 79. Verkleinert. Näheres bei Karl Sudhoff, Syphilisliteratur, wie Abb. 78.

81 Aderlaßmann mit Tierkreis, 1534. Bei jedem Zeichen ist angegeben, ob beim Mondstand in ihm gut, bös oder mittel zur Ader zu lassen sei. Aus dem „Temporal des weitberhümbten M. Johann Künigspergers, Natürliche kunst der Astronomei, kurzer begriff, Von natürlichem einfluß der Gestirn, Planeten vnd Zeichen etc..."

82 Aderlaßmann mit Laßregel, 1592. Aus Albertus Magnus „Daraus man alle Heimlichkeit des weiblichen Geschlechts erkennen kan". Frankfurt 1592.

83 Aderlaßmann mit Szenen aus der medizinischen Praxis, 1499. Während auf den beiden obern Bildchen der geeignete Mondstand zum Aderlassen bzw. Schröpfen wahrgenommen wird, sollen die beiden untern Bildchen zeigen, daß eine Nichtbeachtung der Regeln beim Medizin-Einnehmen bzw. Aderlassen sich rächt. — Aus dem Kalender 1499 von Hans Roman Wonecker, Stadtarzt in Basel. (Gedruckt bei Lienhart Ysenhut zu Basel). Nach Heitz und Haebler (wie Abb. 74) Blatt 98b.

84 Planetenstundenrad. Um 1500. Die Planeten sitzen in der Reihenfolge der Planetenstunden auf dem Himmels-Gestell, das ein Engel Gottes dreht. „Mars regiert die Stunde", Sonne, Venus und Merkur folgen, Mond, Saturn und Jupiter sind im Abstieg begriffen. — Titelbild des „Judicium lipsense Magistri wenceslai De Budweyß. Ratsschulbibliothek Zwickau.

85 Sonnenamulett. Auf der Vorderseite ein Herrscher, die Sonne darstellend, darunter der Löwe, das Tierkreiszeichen der Sonne. Links das Zeichen der „Intelligenz" der

Sonne, darunter das Zeichen für Widder, in dem die Sonne „erhöht" ist, also ihre Wirkung besonders stark entfaltet. Rechts das Zeichen des „Charakters" der Sonne. Auf der Rückseite das magische Zahlenquadrat der Sonne, dessen Konstante 111 ist. Nach R. H. Laarß „Das Geheimnis der Amulette und Talismane". Leipzig (Richard Hummel) 1926, S. 189.

86 Signet Ratdolt, 1499. Im Wappen der Planetengott Merkur, der Patron der Buchdrucker. Buchdruckermarke der Ratdolt aus „Ephemerides et calendarium" des Regiomontan 1499. Nach Zeitschr. f. Bücherfreunde, Jahrg. 1900/01, Bd. 1, S. 213. Verkleinert.

Beilage Die 7 Planeten mit ihren Kindern. Holzschnittserie von Hans Sebald Beham, um 1530. — Verkleinert. Repr. nach Georg Hirth, „Kulturgeschichtliches Bilderbuch" (alte Ausgabe, ca. 1882), Bd. 1, Nr. 288/94, pag. 193/96. — Mit Genehmigung des Verlags G. Hirth Nachf. (Rich. Pflaum A.-G.) München. — Die Holzschnitte stellen dar:

Abb. 87 Saturn,　　　　Abb. 91 Venus,
　" 88 Jupiter,　　　　　" 92 Merkur,
　" 89 Mars,　　　　　　" 93 Mond.
　" 90 Sonne,

# Literatur.

Agrippa von Nettesheim, Magische Werke. 4 Bde. Neudruck. Berlin 1921.

Berthold von Regensburg, Predigten. Herausgegeben von Franz Pfeiffer. Wien 1862.

Bezold, Friedrich von, Astrologische Geschichtskonstruktion im Mittelalter. 1892. In „Aus Mittelalter und Renaissance. Kulturgesch. Studien" München und Berlin 1918.

Boll, Franz, Sphaera. Leipzig 1903.

Boll, Franz, Sternglaube und Sterndeutung. 2. Aufl. Leipzig u. Berlin 1919.

Buchner, Eberhard, Das Neueste von gestern. Kulturgeschichtlich interessante Dokumente aus alten deutschen Zeitungen. Bd. 1, Nr. 83. München 1912.

Carmina Burana. Übersetzt von Ludwig Laistner in „Golias. Studentenlieder des Mittelalters." Stuttgart 1879.

Dante Alighieri, Göttliche Komödie. (Reclam.) Leipzig.

Drechsler, Adolf, Astrologische Vorträge. Dresden 1855. — Neudruck, Freiburg i. B. 1924.

Eckhart, Meister Eckeharts Schriften und Predigten. Aus dem Mittelhochdeutschen übersetzt und herausgegeben von Hermann Büttner. Jena 1919. Bd. 2.

v. Fossel, Studien zur Geschichte der Medizin. Stuttgart 1909.

Friedrich, Johann, Astrologie und Reformation. München 1864.

Grimmelshausen, Hans Jakob Christoph von, Ewig währender Kalender. Nürnberg 1670. — Neuausgabe von Engelbert Hegaur. München 1925.

Hauber, A., Planetenkinderbilder und Sternbilder. Straßburg 1916.

Hellmann, G., Beiträge zur Geschichte der Meteorologie. Berlin 1914ff.

—, Meteorologische Volksbücher. Berlin 1891.

—, Neudrucke von Schriften und Karten über Meteorologie und Erdmagnetismus.
    Nr. 1: L. Reynman: Wetterbüchlein 1510.
    Nr. 5: Die Bauern-Praktik. 1508.
    Nr. 12: Wetterprognosen und Wetterberichte des XV. und XVI. Jahrhunderts.

Kepler, Johannes, Die Astrologie des J. Kepler. Herausgegeben von Heinz Artur Strauß und Sigrid Strauß-Kloebe. München und Berlin 1926.

Kiesewetter, Karl, Die Geheimwissenschaften. Leipzig o. J. (1895).

Konrads von Megenberg, Deutsche Sphaera. Herausgegeben von Otto Matthaei. Berlin 1912.

Magnus, Hugo, Der Aberglaube in der Medizin. Breslau 1903. (Abhandl. zur Gesch' der Medizin, Heft VI.)

Meyer, Carl, Der Aberglaube des Mittelalters und der nächstfolgenden Jahrhunderte. Basel 1884.

Panofsky-Saxl, Dürers „Melencolia I." Leipzig und Berlin 1923.

Paracelsus, Theophrastus, Auswahl seiner Schriften von Hans Kayser. Leipzig 1921.

Pegius, Martin, Geburtsstundenbuch. Basel 1570. — Neudruck München 1924.

Pico della Mirandola. Gegen die Astrologie. Auswahl von Arthur Liebert. Jena und Leipzig 1905.

Ptolemaeus, Claudius, De Praedictionibus Astronomicis. . . Basel 1553.

—, Tetrabiblos, Übersetzt von M. Erich Winkel, Berlin 1923.

Rhode, Alfred, Die Geschichte der wissenschaftlichen Instrumente vom Beginn der Renais-
    sance bis zum Ausgang des 18. Jahrhunderts, III. Die astronomisch-astrologischen
    Instrumente. (Monographien des Kunstgewerbes. Bd. XVI.) Leipzig 1923.
Steinlein, Stephan, Astrologie, Sexualkrankheiten und Aberglaube in ihrem inneren Zu-
    sammenhange. München und Leipzig 1915. 2 Bde.
Strauß, Heinz Artur, Zur Sinndeutung der Planetenkinderbilder. Münchner Jahrbuch
    der bildenden Kunst. Neue Folge, Bd. 11 1925, Heft 1/2.
Strauß-Kloebe, Sigrid, „Melencolia I.“ Münchner Jahrbuch der bildenden Kunst, N. F.
    Bd. 11, 1925. Heft 1/2.
Sudhoff, Karl, Jatromathematiker vornehmlich im 15. und 16. Jahrhundert. Breslau
    1902. (Abhandlungen zur Geschichte der Medizin 2.)
—, Laßtafelkunst in Drucken des 15. Jahrhunderts. Leipzig 1908. (Archiv für Geschichte der
    Medizin, Bd. I.)
Troels-Lund, Himmelsbild und Weltanschauung im Wandel der Zeiten. Leipzig 1899.
Warburg, A., Heidnisch-antike Weissagung in Wort und Bild zu Luthers Zeiten. Heidel-
    berg 1920.
Werland, Peter, Die alte Uhr im Dom zu Münster. (Velh. und Klasings Monatshefte
    1924/25. Bd. 11, S. 560ff.)
Wolfram von Eschenbach, Parzival. Herausgegeben von Karl Bartsch. Leipzig 1871.

---

# Register.

Saturnus alt kalt vnd vnreit
Boßhafftig seind die kinder mein

Jch kan die zwelff zaichen
Jn dreyssig jaren wol erraichen.

Saturnus.

Jupiter tugenthafft vnd gůt
Meine kind weyß/zuchtig wolgemůt

Ich kan in zwelff Jaren
Des gantzen himels lauff vmbfaren.

Jupiter.

Mars ,

Sonn.

Abbildungen 87—93.
H. S. Beham: Die 7 Planeten.

Venus kind sind frölich geren
Bülschafft liebt yhn fur als auff eren.

Jnn .3 6 5.tagen gering
Jch meinen gantzen lauff vebring

Venus.

Mercurius.

Luna Kind man nicht zemen kan
Jhre kind seind nyemandt vnterthan.

Jn Acht vnd zwentzig tag vnd nacht
Wirt auch mein gantzer lauff verbracht

Luna.

www.ingramcontent.com/pod-product-compliance
Lightning Source LLC
Chambersburg PA
CBHW081432190326
41458CB00020B/6181